ARCHITECTURAL RECORD 建筑实录

主编/EDITOR IN CHIEF — Cathleen McGuigan, *cathleen_mcguigan@mcgraw-hill.com*
宋纯智, *scz@mail.lnpgc.com.cn*

编辑/EDITORS — Clifford A. Pearson, *pearsonc@mcgraw-hill.com*
陈慈良, *ccl@mail.lnpgc.com.cn*
王晨晖, *maggiegoodluck@mail.lnpgc.com.cn*

艺术总监/SENIOR GROUP ART DIRECTOR — Francesca Messina, *francesca_messina@mcgraw-hill.com*

撰稿人/CONTRIBUTORS — Clare Jacobson, Laura Raskin, Asad Syrkett

美术编辑/DESIGN AND PRODUCTION — Helene Silverman, *helene_silverman@mcgraw-hill.com*
Gordon Whiteside, *gordon_whiteside@mcgraw-hill.com*
吴亦淳, *yichun_wu@mcgraw-hill.com*
Juan Ramos, *juan_ramos@mcgraw-hill.com*

特约编辑/CONTRIBUTING EDITOR — 戴 春

编辑顾问团/ADVISORY COMMITTEE — 张永和 崔 愷 马清运 支文军
周 榕 朱 锫 刘家琨 俞孔坚

中文版出版人/PUBLISHER, CHINA EDITION — Laura Viscusi, *laura_viscusi@mcgraw-hill.com*
陈慈良, *ccl@mail.lnpgc.com.cn*

市场拓展/BUSINESS DEVELOPMENT — 李春燕, *lchy@mail.lnpgc.com.cn*

广告制作经理/ADVERTISING PRODUCTION — Stephen R. Weiss, *stephen_weiss@mcgraw-hill.com*

印刷与制作/MANUFACTURING & PRODUCTION — Mitchell Sherretz, *mitchell_sherretz@mcgraw-hill.com*

发行/DISTRIBUTION — 袁洪章, *yuanhongzhang@mail.lnpgc.com.cn*
(86 24) 2328-0366 fax: (86 24) 2328-0366

读者服务/READER SERVICE — 何桂芬, *fxyg@mail.lnpgc.com.cn*
(86 24) 2328-4502 fax: (86 24) 2328-4364
msn: *heguifen@hotmail.com*

图书在版编目（CIP）数据
建筑实录. 实录住宅 /《建筑实录》编辑组编.
-- 沈阳：辽宁科学技术出版社, 2011. 9
ISBN 978-7-5381-6886-0

I. ①建… II. ①建… III. ①建筑实录－世界②住宅－建筑设计－世界
IV. ①TU-881.1②TU241
中国版本图书馆CIP数据核字（2011）第167110号

建筑实录VOL. 3/2011

辽宁科学技术出版社出版/发行（沈阳市和平区十一纬路29号）
各地新华书店、建筑书店经销
上海当纳利印刷有限公司印刷
开本：880×1230毫米 1/16 印张：6 字数：100千字
2011年9月第1版 2011年9月第1次印刷
定价：**36.00元**
ISBN 978-7-5381-6886-0

版权所有 翻印必究

辽宁科学技术出版社 www.lnkj.com.cn
麦格希建筑信息 www.construction.com

《建筑实录》中文版由辽宁科学技术出版社出版，由麦格希公司下属的麦格希建筑信息提供内容。版权所有，未经事先取得辽宁科学技术出版社及麦格希公司的书面同意，明确禁止以任何形式整体或部分重新出版本书。

Architectural Record China is published by Liaoning Science & Technology Press with content provided by McGraw-Hill Construction, a division of The McGraw-Hill Companies, Inc.. All rights reserved. Reproduction in any manner, in whole or in part, without prior written permission of The McGraw-Hill Companies, Inc. and Liaoning Science & Technology Press is expressly prohibited.

关注建筑节水
提升运营绩效

中国是全球13个人均水资源最贫乏的国家之一。在全国668座城市中，有400多座缺水，其中100多座严重缺水。2010年9月发布的麦格希建筑信息《建筑水资源应用调研》报告，针对中国建筑行业主要细分群体，全面调研了水资源在建筑中的应用现状，并通过多个国内案例，分析阐述了建筑节水的主要手段。作为建筑节水领域的前瞻性报告，它将为广大业主、建筑师、工程师提供良好的参考，进一步推动中国绿色建筑事业的发展。

如需索取报告，请联系邓基泰先生。电话：(021) 5059 2439，传真：(021) 5059 2442，电子邮件：rudy.teng@hintoninfo.com

www.analyticsstore.construction.com

The McGraw-Hill Companies

保障畅通客流
阿联酋迪拜国际机场
蒂森克虏伯电梯 (中国)
地址: 上海市武宁南路518号智慧广场25楼
电话: (86) 021 5298 8958 / 400 820 0604
传真: (86) 021 5298 7977
邮件: HQinfo@thyssen.com.cn
www.thyssenkruppelevator.com.cn
ThyssenKrupp Elevator (China)
蒂森克虏伯电梯 (中国)
ThyssenKrupp

ARCHITECTURAL RECORD 建筑实录

EDITOR IN CHIEF	Cathleen McGuigan, *cathleen_mcguigan@mcgraw-hill.com*
MANAGING EDITOR	Beth Broome, *elisabeth_broome@mcgraw-hill.com*
SENIOR GROUP ART DIRECTOR	Francesca Messina, *francesca_messina@mcgraw-hill.com*
DEPUTY EDITORS	Clifford A. Pearson, *pearsonc@mcgraw-hill.com* Suzanne Stephens, *suzanne_stephens@mcgraw-hill.com*
SENIOR EDITORS	Jane F. Kolleeny, *jane_kolleeny@mcgraw-hill.com* Joann Gonchar, AIA, *joann_gonchar@mcgraw-hill.com*
PRODUCTS EDITOR	Rita Catinella Orrell, *rita_catinella@mcgraw-hill.com*
NEWS EDITOR	Jenna M. McKnight, *jenna_mcknight@mcgraw-hill.com*
SPECIAL SECTIONS EDITOR	Linda C. Lentz, *linda_lentz@mcgraw-hill.com*
PRODUCTION MANAGER	Juan Ramos, *juan_ramos@mcgraw-hill.com*
ART DIRECTOR	Helene Silverman, *helene_silverman@mcgraw-hill.com*
ASSOCIATE ART DIRECTOR	Gordon Whiteside, *gordon_whiteside@mcgraw-hill.com*
CONTRIBUTING ILLUSTRATOR, PRESENTATION DRAWINGS	I-Ni Chen
CONTRIBUTING EDITORS	Sarah Amelar, Robert Campbell, FAIA, Andrea Oppenheimer Dean, David Dillon, Lisa Findley, Sara Hart, Blair Kamin, Nancy Levinson, Jayne Merkel, Robert Murray, B.J. Novitski, Andrew Pressman, FAIA, David Sokol, Michael Sorkin, Michael Speaks, Ingrid Spencer
SPECIAL INTERNATIONAL CORRESPONDENT	Naomi R. Pollock, AIA
INTERNATIONAL CORRESPONDENTS	David Cohn, Claire Downey, Tracy Metz
WEB EDITOR	William Hanley, *william_hanley@mcgraw-hill.com*
PRESIDENT, MCGRAW-HILL CONSTRUCTION	Keith Fox
SENIOR VICE PRESIDENT, GENERAL MANAGER	Robert D. Stuono, *bob_stuono@mcgraw-hill.com*
VICE PRESIDENT, PUBLISHER	Laura Viscusi, *laura_viscusi@mcgraw-hill.com*
VICE PRESIDENT, OPERATIONS	Linda Brennan, *linda_brennan@mcgraw-hill.com*
VICE PRESIDENT, INDUSTRY ANALYTICS & ALLIANCES	Harvey M. Bernstein, F.ASCE, *harvey_bernstein@mcgraw-hill.com*
VICE PRESIDENT, BUSINESS SERVICES	Maurice Persiani, *maurice_persiani@mcgraw-hill.com*
DIRECTOR, CIRCULATION	Brian McGann, *brian_mcgann@mcgraw-hill.com*
SENIOR DIRECTOR, FINANCE	John Murphy, *john_murphy@mcgraw-hill.com*

ARCHITECTURAL RECORD is published monthly by The McGraw-Hill Companies, 1221 Avenue of the Americas, New York, N.Y. 10020. **COPYRIGHT:** Title ® reg. in U.S. Patent Office. Copyright © 2011 by The McGraw-Hill Companies. All rights reserved. Write or fax requests (no telephone requests) to Copyright Permission Desk, Architectural Record, Two Penn Plaza, New York, N.Y. 10121-2298; fax: 212/904-4256. **WEB SITE:** ArchitecturalRecord.com. **ADVERTISING:** Pina Del Genio: 212/904-6791, *AR.advertising@mcgraw-hill.com.* **SUBSCRIPTION:** Rates are as follows: U.S. and Possessions $70.30; Canada and Mexico $79 (payment in U.S. currency, GST included); outside North America $199 (air freight delivery). Single copy price $9.95; for foreign $11. Subscriber Services: 877/876-8093 (U.S. only); 515/237-3681 (outside the U.S.); fax: 712/755-7423. **SUBSCRIBER SERVICE:** 877/876-8093 (U.S. only). 515/237-3681 (outside the U.S.). Subscriber fax: 712/755-7423. E-mail: *arhcustserv@ cdsfulfillment.com.* **INQUIRIES AND SUBMISSIONS:** Books, Clifford A. Pearson; Products, Rita Catinella Orrell; Lighting and Interiors, Linda C. Lentz; Residential, Jane F. Kolleeny; Architectural Technology, Joann Gonchar. **REPRINT:** *architecturalrecord@theygsgroup.com.* **BACK ISSUES:** Call 877/876-8093, or go to *archrecord.com/backissues/*

McGraw_Hill CONSTRUCTION   The McGraw·Hill Companies

McGraw_Hill CONSTRUCTION

ChinaMarket Report
Design & Construction Intelligence

了解新型墙体材料
构建美好未来建筑

新型墙体材料是构建绿色建筑不可缺少的组成部分。麦格希建筑信息通过详细而深入的调研，2010年9月发布《新型墙体材料及应用》中国建筑市场研究报告。本报告图文并举，详细分析了业主、设计师和施工方对新型墙体材料的认知，全面反映了当前新型墙体材料在各建筑细分市场中的应用，并通过翔实的案例分析，揭示了新型墙体材料卓越的绿色性能和应用特点。它的发布，将对新型墙体材料在中国的推广应用产生积极而深远的影响。

如需索取报告，请联系邓基泰先生。电话：(021) 5059 2439，传真：(021) 5059 2442，电子邮件：rudy.teng@hintoninfo.com

www.analyticsstore.construction.com

The McGraw·Hill Companies

VOL. 03 2011

封面：莱利亚住宅（FG+SG摄影）。

摄影：IWAN BAAN（本页图）；NELSON KON（对页左上图）；SUNNY CHEN（对页右上图）。

专栏 DEPARTMENTS

专题报道 FEATURE

实录住宅 RECORD HOUSES

技术 TECHNOLOGY

关于作品介绍、建筑研究的更多信息和网上专题报道可登录网站：
architecturalrecord.com

[教育 EDUCATION]

到户外去学习

一座位于北京房山区长阳镇的公立中学于八月正式奠基。这座中学由OPEN建筑事务所设计，占地45,000平方米，是OPEN的合伙人李虎（曾任Steven Holl事务所的合伙人）和黄文菁（曾任美国纽约贝聿铭及合伙人建筑事务所资深建筑师）的第一个大型项目。这个项目是王石（中国最大的地产开发商万科集团的董事长）发起的在中国建设10座标志性公共建筑中的一部分。此项目被称为“田园学校”，由房山区长阳镇政府委托北京中粮万科房地产开发有限公司代建。

从字面上看，田园学校意味着不仅在教室里，而且也在田园中学习。“我们想设计这样一所学校，能让学生们在大自然中学习”，李虎说。这座建筑在两个花园之间漂浮：一个在地面上的公园和一个在屋顶上的农田。它的侧立面营造出半围合的公共空间，就像中国传统的行走式园林般。这些空间同时也是进入学校的诸多入口。屋顶上的农田被分为36块，每个班级承包一块，让城市中长大的孩子们“寓教于农”。李虎说，这些农田代表了长阳区在城市化之前的乡村记忆。

建筑的形式是一个有机的、自由流动的、如根茎般的结构。宽敞的室内和室外走廊充当了公共交往的空间。这些交往空间中插入了不规则的形状的体量，以供通风、休憩和采光。教室分布在中央走廊的两侧，其他用房（如食堂、礼堂和体育馆）则置入半地下，屋顶种植形成一个公园，与景观融为一体。

田园中学将于2014年施工完毕。它尽可能地使用了被动式的节能策略而非昂贵的绿色科技，目标成为中国首批三星级绿色学校（相当于美国LEED绿色建筑金级评级 ）之一。“这个项目诠释了我们对一所中国学校的理解和展望”，李虎说。他们的设计创意坚定了北京四中校长刘长铭在长阳建立分校的信心，也使OPEN从万科得到了更多的学校项目设计委托。*Clare Jacobson*

[综合使用 MIXED USE]

通往杭州

来自丹麦的JDS建筑事务所和他们的中国合作伙伴中国联合公司赢得了杭州新天地的项目。该项目占地23,620平方米，为多功能综合体，包括办公、购物中心、饭店与一个邮局。

JDS的主持人朱利恩·D·斯曼特（Julien De Smedt）曾在库哈斯（Rem Koolhaas）的大都会事务所旗下工作，然后与比亚克·恩格斯（Bjarke Engels）共同创立了PLOT公司。与库哈斯和恩格斯一样，斯曼特经常用一个巨大的标志性体量来生成他的建筑形式，赋予它们引人注目的外形。在杭州的这个项目中，斯曼特将建筑设计成一个连接这座城市两个新的开发区的巨型纽带。他将建筑的体量削去一部分，以在对角线形成一条贯穿基地的通道。在上部的办公层，建筑师们设计了一个如稻田般的景观——可收集雨水并循环以为室内降温。*Clifford A. Pearson*

[艺术与科学 ARTS AND SCIENCES]

灵感来自园林

等到2012年竣工时，帕金斯威尔（Perkins+Will）设计的鹦鹉螺状的上海自然历史博物馆将从一座计划中的雕塑公园中显现出来，提供整个周边的城市视野。帕金斯威尔于2007年赢得了这个博物馆的设计竞赛。这项设计将取代一个现存的自然历史博物馆。建筑师们受苏州的古典园林的叠山理水与移步换景所启发，将它们抽象到自己的设计中。"这座博物馆处于老城区中，这非常重要"，帕金斯威尔的联合创始人，这个项目的资深设计师布莱恩·沙贝尔（Bryan Schabel）说。

这座45,000平方米的建筑的屋顶像草坡般从公园内螺旋升起。公众可以走到屋顶上，远眺周边美景。帕金斯威尔设计了一个以穿孔铝板为材料的遮阳板，呈曲面状，并围合出一个南面的庭院和水池。遮阳板背后挂了一面玻璃幕墙，使阳光可以照进中庭，并贯穿整个建筑。

其他的立面也从中国古典园林中提取了元素。在东面，建筑师们设计了一面覆满绿植的墙，而在北面，他们用片石墙堆出了一片假山。"我们试着将它变成一个有生命的展览"，沙贝尔说。

大多数展览空间都位于地下层，展览的主题包括大地、海洋、河流、人类文明与环境。地面上层的恐龙展厅预计将吸引最多的参观者。在挂有一面巨大的LED信息屏的门厅背后，一间IMAX放映厅将播放影片。

建筑师们为这座博物馆设计了一个智能表皮，以最大程度减少阳光的吸收，从而将它变成了一座生态建筑。庭院中的水池通过蒸发为环境降温，而它的绿色屋顶能起到蓄水作用，减少绿岛效应，Schabel说。*Laura Raskin*

帕金斯威尔建筑师设计的这座45,000平方米的博物馆，屋顶是一个绿色的缓慢上升的斜坡。这座生态建筑有一个智能表皮，以最大程度减少阳光的吸收。由蜂窝状图案、以穿孔铝板为材料的遮阳板，围合出一个南面的庭院和水池。

[医疗 HEALTHCARE]

绿色医疗

位于美国的HMC建筑事务所与顺德建筑设计院（SDADI）合作在佛山市顺德区一片13.4公顷的基地上设计了一座面积223,000平方米的医疗综合体。HMC的项目建筑师雷蒙德·潘（Raymond Pan）将这个综合体形容为"第三代医疗中心"——可以为住院病人与门诊病人提供各种设施，为医生和员工提供住宿，并为刚上岗的医生与技术人员提供培训设施。这座包括九座建筑的综合体同时也是癌症治疗和传染病控制中心的所在。

建筑师采取了一系列可持续的设计策略，将这座医院与中国其他通过"圈地运动"建成的项目区分开来。其中之一是一面由当地的陶瓦构成的巨型遮阳板，用来将各部分功能连成一体。这面遮阳板将起到蓄热和节能的作用，同时它也充当了"生态中庭"的角色——门诊病人可以在这个阳光庭院中等候，潘说。另一方面，所有九座楼的南立面将装有太阳能电池板，每年可发电1,500兆瓦时。

这座医疗中心也将包括其他绿色的功能，如雨水采集、循环系统（可以在顺德的雨季储存雨水）、一套可以减少当地潮湿天气的影响的冷却梁系统（chilled-beam system）、一套可将病人和工作人员带入建筑内的公共运输系统。建筑内部还包含一系列的"康复花园"贯穿整个基地，帮助病人在与自然亲密接触的过程中加速康复。

顺德市希望这座医院能成为城市建设和住宅开发的支点。"在10年之内"，潘说，"这片区域将布满中层的住宅塔楼。这发展的速度简直无法想象。"该综合体的建设于2010年11月开始，计划于2013年9月完工。*Asad Syrkett*

位于佛山市顺德区的这座医疗综合体将采取一系列可持续发展的设计措施：包括一面由当地的陶瓦构成的巨型遮阳板，太阳能电池板的使用，雨水采集和再利用，循环系统，一套可以减少当地潮湿天气的影响的冷却梁系统（chilled-beam system）等。

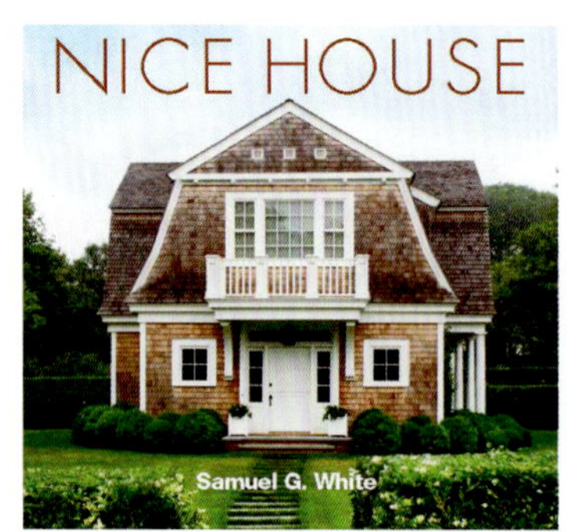

家，甜蜜的家
改变我们居住的观念

《好房子》

Nice House, Samuel G. White著。Monacelli, 2010年, 256页, $45。

大多数美国人希望他们的住宅看上去"有复古范儿"——塞缪尔·怀特（Samuel White）以他收集的那些华而不实的例子告诉我们。《好房子》悲伤地追忆那些在美国历史中不断浮现的反智主义。本书围绕平凡的设计展开讨论，并支持那些拥抱"日常生活，而不是用冠冕堂皇的个人或专业理由来凌驾于日常生活之上"的作品。

在书中收录的32个有趣的住宅（只有六个不在东海岸上，七个在汉普顿）中，有一部分是"值得注意的和有新闻价值的"——这个词在怀特口中是用来形容住宅"不适合日常居住"的意思。但大部分住宅仍然"不受建筑评论家、设计大师和杂志的好评"。但如果他想反对"定制的住宅"，作者需要更有说服力的标准，而不是"好房子出自好地方"，它们都建在狭小的基地上，和"好房子总是成片地存在"。

此外，怀特还因他心目中那些宜人的住宅缺乏"公众认可，尤其是同龄人的认可"而感到悲伤。但你还是可以从中找到LIFE杂志上刊登过的罗伯特·斯特恩（Robert Stern）的梦之家，和杰奎琳·罗伯逊（Jaquelin Robertson），怀特本人还有其他人曾经发表过的住宅。*William Morgan/文 钱辰元/译 戴春/校*

《玻璃屋》［Kindle版］

Cellophane House [Kindle Edition], KieranTimberlake和Stephen Kieran著。KieranTimberlake, 2011年, 9425 k字节, $20。

基兰·汀波莱克（Kieran Timberlake）实验性的玻璃住宅颠覆了腐朽的设计理念，并且采用了预制装配的施工方式。作为第一个以电子书形式出版的版本，《玻璃屋》同样也颠覆了出版的程序。用马歇尔·麦克卢汉（Marshall McLuhan）的话来说，这个传播介质对得起它承载的信息：建筑和出版物都具有高效性和可持续性。

作者用简明扼要的语言描述了他们这座五层、1,800平方英尺的住宅。这座住宅是为MoMA2008年主题为"送货上门：制造你的家"而建，在博物馆旁边的空地上装配完成。由于采用了模数化和可变的建造系统，"大众化定制"成为可能。建筑师将一个典型住宅的上千个部件分解为少数预知的构件，并将它们安装在一个铝制脚手架上。他们使用了一个叫SmartWrap的表皮——这是他们在聚对苯二甲酸乙二酯（PET塑料，常用于水瓶）的基础上自主研发的。他们将它转换为太阳能光电板和遮阳板。

如今电子书市场正呈野火燎原之势。但在最新版的Kindle上阅读《玻璃屋》需要很多想象力。这块6寸的小屏幕只能显示两种颜色——黑色和灰色，使图纸难以辨认，照片也不清楚。相比之下，拥有9.7英寸显示屏，四种颜色，可自由缩放的iPad无疑是更好的选择。但对建筑书来说，电子出版存在其内在的问题。因为读者能够改变字体和图片的大小，设计师就失去了版面设计的控制权。同时，读者也不能把一本电子书放在客户的咖啡桌上或把它送给朋友。*A.O. Dean/文 钱辰元/译 戴春/校*

《在家中：私生活简史》

At Home: A Short History of Private Life, Bill Bryson著。Doubleday, 2010年, 512页, $29。

《在家中》是一本延伸读物，在其452页的内容里，涉及到查尔斯·达尔文（Charles Darwin），伊莱·惠特尼（Eli Whitney），托马斯·杰弗逊（Thomas Jefferson），安德烈·帕拉迪奥（Andrea Palladio），维多利亚女王（Queen Victoria），安妮女王（Queen Anne）（以及她可能存在的同性恋倾向），威廉·莎士比亚（William Shakespeare），托马斯·爱迪生（Thomas Edison），约瑟夫·斯旺（Joseph Swan），托马斯·克拉普尔（Thomas Crapper），凯瑟琳·比彻尔（Catharine Beecher）和弗雷德里希·恩格斯（Friedrich Engels）。作者用他房子里的一个个房间将这些历史上的奇闻逸事松散地组织起来。真真假假相互交织。

看起来很有趣，但看透后，私生活的本质并非如此。在很多例子里，布莱森（Bryson）都围绕着书名在插科打诨，但到最后突然话锋一转。比如，在研究了许多床垫后，他说，"隐私在过去是一个不同的概念。"下一段就紧接着他的研究，描述了没有断袖情谊的男子也可以同塌而眠的事。

虽然布莱森在通俗历史学和文学界是个不可或缺的任务，但他却没有深挖庞大和复杂的家庭和私生活的历史。作为一本至少名义上是关于隐私的书，目录中却没有出现一个"隐私"二字，让人不免怀疑它的主题到底是什么。虽然宣称它是"私生活简史"，但《在家中》却更像是一本泛泛而谈的书。*Eva Hagberg/文 钱辰元/译 戴春/校*

［简评 BRIEFLY NOTED］

《热带地区现代住宅》

The Tropical Modern House, Raul A. Barreneche著。Rizzoli, 2011年, 240页, $50。

Barreneche带领我们进入一趟建筑之旅，将现代科技与世界各地的当地材料结合起来。

《小型生态住宅》

Small Eco Houses: Living Green in Style, Cristina Paredes Benitez和Alex Sanchez Vidiella著。Universe, 2010年, 420页, $35。

50个小型项目（从森林小屋到城市阁楼），讲述小住宅的大天地。

《如何设计一座住宅》

How to Design a House, Design Museum编。Conran, 2010年, 112页, $20。

这本小册子介绍了住宅设计的一些要点和步骤。

项目名称　**松露小屋**
项目地点　**西班牙拉萨尔特**
建筑师　　**ENSAMBLE工作室**

这座“名副其实”的“松露小屋”位于西班牙西北部的（死亡海滩）的一个小渔村中。位于马德里的Ensamble工作室的主持建筑师安东·卡西亚·阿布里尔（Antón García-Abril）说，他们选择了这个基地是为了他们的实验性项目“让自然进入建筑中”。这个大胆的小组在地面挖了一个坑，然后将挖出的泥土堆在坑的边缘区，形成一个围堰。他们用干草堆建了一个结构，并用混凝土覆盖，再将整体埋入土中。数月之后将它挖出，形成了一个人造的石头。为了向周边的村落环境致敬，设计团队邀请了当地的一头叫宝丽那（Paulina）的小牛花了一年的时间将里面的干草吃光，展现出建筑的形态来。这座周末度假别墅原生态的内部环境正好容纳下一张床、简易的管道和一个火炉。这个设计受到了勒·柯布西耶的休闲小屋（Cabanon）的启发。“同样的方式，同样的尺度”，卡西亚·阿布里尔说，“这是我们的混凝土休闲小屋。” *Alanna Malone/文　钱辰元/译　戴春/校*

摄影：© ROLAND HALBE

马塞尔·布罗厄｜美国康涅狄格州

1. 马塞尔·布罗厄在康涅狄格州新卡纳郊区的第二座住宅（1951）将现代主义的盒子与厚重的散石墙体相连接，一些墙体延伸出住宅的边界。这个设计让人联想到密斯·凡·德·罗在1929年巴塞罗那德国馆中滑动的墙板。

2. 森俊子的增建位于1981年赫伯特·贝克哈德的增建的原址上，以一系列不同透明度的、由金属薄片切分的玻璃条板回应布罗厄的石墙。从布罗厄的部分延伸出的两个体量内部包含着连接加建部分上下两层的楼梯，同时提供与原有结构的连接。

3. 住宅后部面对树木茂盛的坡地。森俊子的增建部分从核心部分向外悬挑出18英尺，而新的窗户是对布罗厄原有滑动玻璃门扇的镜像。

1

2

3

重述现代主义
RECOUNTING MODERNISM

布罗厄、纽特拉和辛德勒，这三位现代主义大师以他们设计的住宅向新建筑师们提出了不同的挑战

Aleksandr Bierig/文　周伊幸/译　周渐佳/校

以旧建筑为出发点的新作品需要服从原有的秩序。在一个考古的场地上，门把手、窗户、地板以及基础都成为文物。每幢建筑都有上千个组成部分，相应地就需要做上千次决策。那么，哪一部分是初始的决策？哪些决策是值得坚持下去的呢？当既存的建筑——就像著名的现代主义者马塞尔·布罗厄（Marcel Breuer）、理查德·纽特拉（Richard Neutra）以及鲁道夫·辛德勒（Rudolph Schindler）的设计那样——比新建筑更加强势的时候，设计中每一步推进都面临着问题与潜力。而这三位强有力的建筑师激发出全然不同改造方式。

康涅狄格州的布罗厄

如果建筑是建筑师观念的实验室，那么建筑师的自宅无疑更具实验性——在其中，建筑师可以大胆地尝试而不用担心受到责难。马塞尔·布罗厄位于康涅狄格州的新卡纳（New Canaan）的两座住宅，正为他提供机会进行这样的实验。

第一座住宅完成于1947年，采用美式连续框架（American balloon-frame）技术，看上去像一个漂浮、悬挑的盒子。布罗厄紧随现代主义者的步伐，试图让这个设计成为可推广的范本。在《Architectural Record》1948年10月号上，这

马塞尔·布罗厄｜美国康涅狄格州

1. 森俊子在加建的矩形体量下方设置了庭院。
2. 在这个跨页上可以看到布罗厄原有设计中低矮的天花板，这些照片发表在本刊1981年刊登的住宅项目——由赫伯特·贝克哈德进行的第一次加建的项目中。
3. 森俊子保留了布罗厄刷成白色的砖砌壁炉以及蓝矾的地板，但通过将天花板提升3英尺使空间发生戏剧性的变化。

1

2

3

座建筑被认为是“通过普通的板材和粗糙的木材”实现的“令人难以抗拒的悬挑结构”。然而，这样的尝试无疑太具野心，因为布罗厄在从中搬走之前不得不在建筑挑出的门廊下方设置散石墙体，以防止结构垮塌。

1951年，布罗厄在同一地区的第二次实践中选择让建筑与地面紧紧相连。散石的墙体界定出建筑的立面——巨大而平静的表面为建筑俭省的朴素平面赋予纪念性。由柏树木饰面的天花板和青石饰面的地板让室内同样具有一种庄重的风格。而在屋后朝向树林的一组玻璃窗，作为后墙使整个建筑的构成得到平衡。尽管布罗厄是一位欧洲现代主义的拥护者（开始于他在包豪斯学习与执教的时期），他却发现自己的作品渐渐走向轻薄，进而变成一些缺乏实在感的盒子。在布罗厄的表述中，这是对物质重量的新主张，但同时保留与现代主义要素的对位关系——厚重的混凝土衔接着一扇轻薄的玻璃，或者木结构连接着沉重的石墙。

对布罗厄的家庭而言，1951年的这座住宅在尺度上是非常俭省的。布罗厄长期的合伙人以及《马塞尔·布罗厄回忆录》（Marcel Breuer: A Memoir, 2000）的作者罗伯特·加替（Robert Gatje）这样说道，“尽管当时已是著名建筑师，他的生活却并不讲究排场。”按照加替的说法，俭省的品质一部分源自包豪斯崇尚实效的精神特质。

布罗厄在这幢住宅中一直住到1976年，之后他把房子卖给花岗石承包商杰拉德·布拉蒂（Gerald Bratti），后者很快开始对建筑进行增建和改造。由布罗厄的长期合伙人赫伯特·贝克哈德（Herbert Beckhard）设计的一部分发表在1981年《Architectural Record》的住宅项目中，他复制布罗厄的语言，在多个方向上拓展原有的石墙。

2005年，当开发商买下产权并计划在这个树木茂盛的场地上建造更大的住宅时，这座住宅曾面临危机。而新卡纳当地的一对中年夫妇，在意识到它是当地文化遗产的一部分之后，坚决地介入并买下这座住宅。这对夫妇的三位子女在当时仍是高中生和大学生，布罗厄俭省的布局和低矮的体量已经不能满足他们对于不同生活方式的需求。

业主很快选择了建筑师森俊子（Toshiko Mori），她已经对数个重要的现代主义建筑进行改造和增建。在改造过程中，贝克哈德设计的部分由于形态不佳而被拆除。森俊子在同一位置新建了三间卧室、一座车库以及一间起居室，让建筑的面积增加了一倍，达到6000平方英尺。

森俊子发现建筑中布罗厄建造的部分已年久失修。基础受到水的侵蚀已濒临瓦解，黄铜导热管已经脱节，更严重的是一些柱子的地基缺失了。似乎这座住宅只有一片片拆解之后才能进行重建。

尽管森俊子多次质疑并修正布罗厄的原始意图，但她还是延续了后者的对比精神。她让增建的部分形成的玻璃体量漂浮在原有建筑厚重的实体之上。从各个方向看上去，上层的体量都悬挑在由青石饰面的基座上方，与布罗厄在新卡纳第一座住宅的形式相

摄影：© PAUL WARCHOL PHOTOGRAPHY（本页和上一页）

理查德·纽特拉 | 美国加利福尼亚州

1. 1934年的历史照片，表现出斯坦-弗兰克住宅坐落于原先孤立的场地上、面向太平洋的情景。

2. 2005年，经过五角星事务所改造的餐厅，局部装饰着新的红杉木板。这张由尤利乌斯·舒尔曼所有的照片还显示出五角星事务所安装了一盏由纽特拉设计、但在原有设计中并未采用的灯具。

3. 位于住宅东侧、经过纽特拉设计的“冬园”起居室的的入口通道，起居室上方是一个露台。

3

2

呼应。然而，森俊子采用的钢框架可以轻而易举地支撑住悬挑部分，这让布罗厄未竟的事业得以实现。与布罗厄的石墙形成对比的是包裹着增建体量的幕墙，染成微绿色的玻璃以及灰色的窗棂让体量在周边的树林中时隐时见，仿佛森俊子在布罗厄强悍的建筑形象之上附加的是一块轻灵的幕布。

新的建筑由两个形状怪异、互成角度的体量构成，体量中包含着一个梯段，连接建筑原有和加建两个部分。住户从新建部分包含了车库和起居室的底层通向二层的三个卧室的途中必须沿着这段楼梯，经过布罗厄原有设计的部分，因此流线不断贯穿在新旧部分之间。尽管斜向的楼梯体量从某些角度看上去不甚和谐，但是它的意图却在于延长建筑的连接，放慢不同部分之间的交通。它同时还强调了建筑师的不同手法，布罗厄使用规整的构成，而森俊子则采用非规整的形态。

在布罗厄原有的住宅中，森俊子对既存的低天花进行重新诠释。布罗厄的做法（1981年的《Architectural Record》中的照片，见对页）是通过一条高侧窗为室内采光，而森俊子认为提供适宜的采光需要两条高侧窗。她用一组同一尺度的细钢柱替换了原有的木柱，将天花板抬高了3英尺多。这种外科手术式的改造，一方面保持了建筑外部构成的连贯性，但同时也改变了布罗厄的计划：森俊子掀开阴沉、厚重的盒子，营造出宽敞明亮的体量。

借助这样的策略，森俊子的改造虽然抛弃了布罗厄初始的建筑语言，却延续了他的作品精神。实际上，她继承了布罗厄的方式，不拘泥于现代主义的教条而是在自己的建筑中对各种改变持开放态度。在新卡纳的新住宅建造的几年之前，布罗厄曾在长岛为伯特和菲利斯·盖勒（Phyllis Geller）设计住宅，在一年后重访这座住宅时，建筑师发现“每只烟灰缸都在原先摆设的位置上”，加替在布罗厄的专辑中记述道，“我在有生之年从未受到这般侮辱”，布罗厄对他们说，“我的房子是为生活而设计，不该像祭坛那样被供奉起来。”

海边的纽特拉

历史学家芭芭拉·马克·兰普莱希特（Barbara Mac Lamprecht）将鲁道夫·辛德勒和理查德·纽特拉称作“南加州最爱的建筑师双人组”。其中，“辛德勒的本我对应着纽特拉的超我；纽特拉的太阳神特质对应着辛德勒的酒神特质；前者是实干家而后者是嬉皮士。”他们在加州的两座住宅——1934年在圣莫妮卡（Sten-Frenke House ）由纽特拉设计的斯坦-弗兰克住宅（Santa Monica），以及1940年在英格伍德（Inglewood）由辛德勒设计的供出售的住宅——最近都经历了改造，而这些改造都严格遵循着各自创造者及其观念留下的遗迹。

这两位建筑师都是维也纳人，辛德勒年长五岁，当他即将完成在阿道夫·路斯（Adolf Loos）门下的学业时与纽特拉相遇。而纽特拉从维也纳到洛杉矶的轨迹与辛德勒如出一辙：他们都途经芝加哥，并为弗兰克·洛伊德·赖特（Frank Lloyd Wright）工作。当纽特拉在1926年抵达加利福尼亚时，他们二人开始在

理查德·纽特拉
美国加利福尼亚州

1. 藤架最初只有一开间，在2005年，五角星事务所在改造中按照一张纽特拉的轴测图对其进行扩建。

2,3. 采光楼梯井的墙壁、书架以及起居室的墙裙都以红杉木饰面。而当前建筑的改造者，设计师马克·哈德威不仅拆除扩建的两开间藤架，还按照纽特拉的初始想法将整座房子中的饰面材料做了替换。

辛德勒位于国王道的住宅（Kings Road House）一同生活和工作。粗糙的混凝土板和未经加工的切割木材标志着他们的天然美学，而相互交织的建筑体量则表达出公有的、乌托邦式的场景。

然而，好景不长，后来纽特拉以更加干练的职业素质赢得了国际范围内的声誉和推崇。而辛德勒总是和他相反，他在相对默默无闻的状态中坚持辛勤的工作。从1932年开始，两人不再来往。

1934年的斯坦-弗兰克住宅是纽特拉在摆脱辛德勒的阴影之后的第一项重要委托。安娜·斯坦（Anna Sten）是一位乌克兰籍的默片演员，在柏林被戈德温（Samuel Goldwyn）发掘。她在早期被称作“俄罗斯嘉宝（Russian Garbo）”，然而随着有声电影的出现（她的英文有口音），她开始被讽为“戈德温的败笔（Goldwyn’s Folly）”。在她到达洛杉矶时，她的丈夫尤金·弗兰克博士（Dr. Eugene Frenke），一位俄国电影制片人，立即委托同为移民的纽特拉在圣莫妮卡设计他们的住宅。

建筑坐落在一块靠近太平洋的坡地上，在最初建造时几乎与世隔绝。而今天，它的四周环绕着茂盛的热带景观、一排华丽的私人房产以及一幢从后方逼近的大型公寓楼。住宅2400平方英尺的面积包括起居室、餐厅、底层的厨房、两间卧室以及上层的客房。建筑内部被胶合板墙裙完整地包裹，并且（以路斯的方式）转折让位，形成书架、坐凳以及床榻。建筑二层的露台和底层的庭院都有效地利用外界的气候条件。

在其他部分中纽特拉的控制并不明显，这得益于斯坦的反对意见，她不像她的丈夫那样对现代建筑具有热情。她偏好在浴室使用粉色和绿色瓷砖，而没有让纽特拉使用光滑的灰色玻璃条板。

从大体上说，尽管纽特拉宁静而优雅的构成、雪白干净的体量的集合体，很容易落入“国际式”的窠臼，但它仍然是这场运动中技巧高超的一例。带状长窗、比例协调的体量以及不对称平面都界定出这座住宅的机器美学。

和许多现代主义作品一样，这样的图像是具有欺骗性的。带状长窗暗示着“自由立面”——按照柯布西耶提出的“五点”，建筑的平面和立面通过钢铁或混凝土结构的退后而得到解放。但是，斯坦和弗兰克负担不起钢或混凝土结构，于是纽特拉（和之后的布罗厄一样）以美式连续框架结构作为权宜之策。他在承重的外维护结构中使用较细的木柱，同时将其隐藏，使之呈现出窗棂的效果。

“这座建筑并不真实纯粹；它是圆滑和功利的”，纽约五角星建筑事务所（Pentagram Architects）的詹姆斯·拜博（James Biber）这样说。2002年，拜博开始和洛杉矶当地改造和更新纽特拉建筑的专家和代理人马默尔·雷德辛纳（Marmol Radziner）一起，致力于更新这座住宅。这个团队面对的建筑在数十年中并未易主，因而在受到风化的同时还保持着整体的完整性。

拜博的策略是满足业主——一位制片人的需求，并且在考量纽特拉的设计意图的同时坚持斯坦

摄影：© JULIUS SHULMAN/PENTAGRAM ARCHITECTS（上

1

2

3

鲁道夫·辛德勒 | 美国加利福尼亚州

1. 辛德勒1940年在英格伍德建造的供出售住宅长期无人照管，杂草丛生。
2. 2010年翻新的住宅就在另一座辛德勒的住宅右侧。两座住宅共享一道沿着街面生长的由耐旱植物形成的景观。
3. 翻新的住宅后院，史蒂芬·埃里希为新的主人——他的女儿、女婿以及一岁的孙子设置了草坪和小型菜园。埃里希还设计了前景中的镀锌钢棚架，这让人想起辛德勒在好莱坞国王道上的供休憩的门廊。

那些格格不入的偏好。这样的改造不是忠于一个版本，而是同时忠于很多个版本。这意味着在按照业主意图拓宽浴室的同时还要保留那些粉色和绿色的瓷砖。而在另一些区域，拜博对纽特拉的意图进行发挥，而不是直接地服从。按照拜博的说法，纽特拉的胶合板墙裙"在当时或许让人激动，但今天看上去却显得廉价"，于是它们被替换为更加华丽的红杉木。另外，他在底层增加固定的座位，并且拓宽了厨房。总之，拜博的改造就和森俊子一样，对历史进行演绎而不是简单的重复。

然而，拜博却无法预计接下来发生的事。在2009年，这座住宅又一次被交付出售。新的业主雇用了马克·哈德威(Mark Haddawy)，一位在洛杉矶及周边重建过多座重要现代主义住宅的设计师。他声称业主希望建筑能够保有更多的历史真实性。

在今年夏天新的设计即将完成，大多数拜博的干预都被抹去。这个过程开始于将拜博无处不在的红杉木饰面替换成冷杉木胶合板，以还原纽特拉的原始想法。"红杉木太过抢戏了"，哈德威这样说道，"无论从历史还是美学上说，回到胶合板都是更好的选择。"

然而，在其他的位置，改造的决策似乎更多地追随个人喜好而非历史真实性。浴室的饰面，原本由拜博保留下来的斯坦的痕迹，被替换成水磨石表面，一种纽特拉在其他项目中使用的材料。

总之，新的改造试图还原历史图像。一些回收的设备（ Salvaged period fixtures)，诸如照明开关、灯具、水管装置，被安装在整座住宅中。哈德威正在将一扇由拜博安装的崭新的门替换成另一扇看上去有70年历史的旧门，其中的条板被预先做旧，刻意造成不平整的效果，而表面覆盖着一层模仿铜锈的黑色污渍。新的改造准确无误地指向纽特拉的意图，或者至少指向针对这些意图的格调高雅的记忆，这对于那些严苛而易受控制的建筑师而言无疑是合适的。

郊区的辛德勒

这座1940年建在英格伍德供出售的住宅没有像斯坦-弗兰克住宅那样曲折的历程。即使是在改造开始时，有关建筑建造的情况还是未知的。建筑师在城市中产阶级居住区的一个典型街区设计了三座住宅，它们布局各异，回应基地上变化的地形。这些住宅的尺度较小，都在1000平方英尺左右，包括两间卧室、一间厨房以及一个较大的、用于起居和就餐的公共空间。每一座住宅都积极应对加州的日照和气候，在向周边环境敞开的同时保持私密性。

设计试图将郊区的寻常住宅转变成一件由木构框架、灰泥和石膏建造的空间艺术品。带有赖特以及路斯的空间规划的痕迹，每个空间在剖面上都有很多变化，各部分相互交织令人费解：分隔墙演变成书架、接着再变成楼梯，最后衔接在书桌上。辛德勒在每个房间中玩着不同的剖面游戏，天花板在入口处较低，而在起居室的位置升高。而在卧室中，天花板升高是为了在保证房间私密的同时提供高侧采

鲁道夫·辛德勒 | 美国加利福尼亚州

1. 室内照片展示出辛德勒设计的家具，它们从国王道住宅的建筑与艺术中心借贷而来。主卧室设有固定的橱柜和书桌，它们都出自辛德勒最初的设计。
2. 位于入口踏步上方，由埃里希重建的暴露在外的顶部横梁。
3. 地板从扁平的入口空间到起居室逐级降低，落地玻璃窗向后院开放。

光。“辛德勒真是个魔术师”，刚刚完成这座住宅改造的建筑师史蒂文·埃里希（Steven Ehrlich）这样说道，“这座住宅绝对是事半功倍的范例。”

埃里希在2009年访问友人时，发现他们家的房子具有多变的辛德勒式剖面，于是询问这座住宅的设计师是不是辛德勒。他的直觉是对的，而紧邻的另一座，也就是这一组住宅中间的一座正在按照主人的遗愿出售。在很长一段时间，这座住宅无人整治，杂草丛生而被整个街区视作眼中钉。埃里希迅速买下这座住宅，计划进行改造并以“最佳状态”卖给女儿、女婿。

女婿乔伊·贝尔（Joel Bell）是一位工业设计师，负责改造工程的项目监理，他“并不想改变这座房子，只希望能够顺其自然”。然而，埃里希的女儿欧娜·埃里希（Ohna Ehrlich），一位手袋设计师，认为他们“既然有了孩子，就必须按照当下的生活标准对建筑进行改造”。

埃里希的改造方案在力所能及的限度内对原样进行保留。然而，辛德勒的作品较为粗犷，通常缺少细节。建筑的平顶已被积水严重破坏，整个结构都必须重建。在改造过程中，保温和防水层都被隐藏在光滑的灰泥表皮之下，这样，辛德勒理想的建筑轮廓才得以延续。

许多室内的构件，例如固定家具和储藏空间都得到修复和翻新。另外，埃里希还对辛德勒的先例进行推敲。尽管厨房和浴室完全是新的，它们却参照了辛德勒在固定书桌中的把手细部做法。新的地板和踢脚同样是辛德勒原有细部的复原。

总之，这项改造工程以一种谦逊、直接了当的手法，让有着70年历史的老宅符合今日的生活标准。它的目的是居住而不仅仅是观赏。辛德勒最初的做法在空间上有创造性，但是这个概念野心过大，让空间艺术先行而结构构件的解决策略没有跟上。因此，为了实现辛德勒的理想，埃里希填补了很多建筑结构先天的不足之处。

这三个建筑项目在谱系上具有共同点，它们都出自欧洲移民者之手，作为欧陆现代主义的使者，也都承担着这份遗产的重量。然而，它们同时也反映出美国这个新家即兴而作的特质——采取一切力所能及的手段搭建现代主义的图景。或许与纽特拉相比，另外两位稍显逊色，但对于每一位建筑师而言，拯救一座住宅就是拯救它所蕴藏的观念，即使这些观念有时并不合理。

这三个项目也体现出改造在方式上的不同。相对另外两位而言，森俊子有更多预算和发挥空间，由此她得出的答案是复合式的：将布罗厄原始结构与自己的复杂形式相结合。而纽特拉的斯坦-弗兰克住宅正处在变动之中，这项改造随着时间推进在纽特拉强有力的设计和当代业主的欲求之间摇摆，试图找到平衡点。最后，对辛德勒简朴的住宅的改造工程也一样地简朴，却强有力地支持着保留建筑原始场景设置的意义。这些项目的争议自始至终延续不断，这意味着我们得不到最终的、确定的解释：如果人们坚持，建筑可以一遍接一遍地建造下去。■

设计与时间
Design and Time

"创新"与"永恒"在住宅建筑中并不冲突
When applied to residential architecture "innovative" and "timeless" need not conflict.

"实录住宅"中收录的作品，都是编辑们寻找的既有创新性又不会过时的住宅项目。虽然"创新"和"不过时"在字面上有些矛盾，但我们还是觉得可以在这期杂志中将它们整合起来。

比如，一个在2010年建成的加建项目（原住宅收录于1957年的《Architectural Record》杂志），由日本建筑师隈研吾为一对居住在辛辛那提的夫妇设计。这个作品既保留了原设计师约翰·布莱克·李（John Black Lee）简约明快的经典直线风格，又将它转换为一个新的设计——通过目前流行的玻璃和建筑技术，展现出一个飘浮在木制景观之上的房子。

同样，迈克尔·莫尔特赞（Michael Maitzan）在洛杉矶设计的一个项目在突出自己的同时，也向附近的一座理查德·诺伊特拉（Richard Neutra）住宅表达了致敬。另两个在世界另一边的房子——瑞克·乔伊（Rick Joy）在佛蒙特（Vermont）的作品和马清运在中国的作品，则在现代语汇的基础上探索了传统的材料与形式。

在巴西萨尔瓦多的一个与世隔绝的生态群落，MK27工作室的马尔西奥·科根（Marcio Kogan）围绕着一块草坪设计了一座住宅，很像密斯·凡·德·罗在20世纪二、三十年代的院落住宅方案。科根用粗糙的石、木和黏土铺装重新诠释了现代主义的平面造型。这个兼容并蓄的特点将这座住宅平滑地融入了周边的文脉。

丹尼尔·李伯斯金（Daniel Libeskind）在辛辛那提设计的一个周末度假别墅看上去和密斯的设计原则截然不同，但它对20世纪早期的其他同时期的建筑致以敬意。它于德国印象派和俄罗斯构成主义的根基展示出过去的先锋派仍能在今日以一种舒适和犀利的解决方式重新演绎。

同时，在瑞士的阿尔卑斯，SeARCH对最古老的居住形式——洞穴进行了探索，将它转换为一个现代的住宅。艾瑞斯·马特乌什（Aires Mateus）联合事务所在葡萄牙莱利亚设计的一座住宅将永恒的传统形式与超现实的表现方式结合了起来。他们将卧室安置在地下，以在拥挤的邻里环境中求得隐私。五个院落，其中包括位于中央的半开放的院落保证阳光可以透入地下层。三角形的水泥屋顶上的开口也能使阳光射入屋内。

另一座住宅采取了一次村落化的探索。建筑师对场地的呼应提供了一个有趣的暗示：建筑或飘浮在地面上，或坐落在地面上，或与地面融为一体，或自成一体。通过重新思考建筑与自然的关系，建筑师们将创新与永恒以一种超乎想象的方式联系在了一起。*Suzanne Stephens*/文　钱辰元/译　戴春/校

玻璃/木头住宅
GLASS/WOOD HOUSE

美国康涅狄格州 NEW CANAAN, CONNECTICUT
隈研吾建筑都市设计事务所 KENGO KUMA & ASSOCIATES
BY JOANN GONCHAR, AIA

建筑设计面临的最棘手的问题莫过于对一幢严格对称的建筑进行加建。如果没有精准的构想和谨慎的执行，拓建工作就难免向原有建筑构成的完整性和平衡性妥协。对于主要工作范围在东京的隈研吾（Kengo Kuma）而言，他在美国的第一项委托就面临着这样的状况：在康涅狄格州的新卡纳（New Canaan, Connecticut）为一座20世纪中期建造的、形制近于神庙的现代住宅加建新的厢房。

住宅最初的设计者和所有者是约翰·布莱克·李（John Black Lee），他是所谓“哈佛五人组（Harvard Five）”中的一员，这个团体中的建筑师还有菲利浦·约翰逊（Philip Johnson）和马塞尔·布罗厄（Marcel Breuer），他们自1940年左右开始在新卡纳定居，将这座城市培养成现代主义的温床。这座轴向对称的单层住宅由李设计，完成于1956年，发表在1957年11月号的《Architectural Record》第152-156页上一个矩形住宅建筑的专题中。它拥有一个宽敞的、约900平方英尺的户外空间。住宅的正中是一座壁炉、起居室以及一个中心式厨房。住宅中最主要的房间有一圈高侧窗，并在南北两侧有完整的玻璃幕墙，可以观看生长在周边两英亩的领土中的树林。东西两侧各有两间卧室，把起居室夹在当中，建筑的四周带有游廊和深远的挑檐。

现在的所有者，一位财政官员和照明设计师，在1990年从李那里买下这座住宅。他们很快就委托纽约建筑师森俊子（Toshiko Mori）对住宅进行改建。森俊子已经有多次经验，对现代主义巨匠作品进行更新与加建。她对这座住宅的改动微妙而关键——将天花板提高18英寸，由此增大高侧窗的面积，并将已经腐坏的木柱替换为不锈钢柱。这样的改动让原先就很优美的结构看上去更加精巧和典雅。即使是现在居住在数里之外的另一座住宅中的李本人也对此表示赞赏。他认为“这是新卡纳最有感觉的更新作品之一”。

接下来，这对夫妇在2004年有了一双子女，他们在另一个纽约建筑团体（以轻盈、无可挑剔的精密结构著称的事务所）托马斯·菲弗与合伙人（Thomas Phifer and Partners）的协助下，将未完成的地下室改造成家庭室使用。在此之前，这个空间只有通过主入口附近的舱门才能进入，而菲弗在室内原先是一间卧室的位置上设置了一段带有极简风格的玻璃栏杆的楼梯。

此时，这对夫妇已在考虑对起居空间进行进一步扩建的计划，而在2006年的风暴中，一棵树砸坏了屋顶，这促使他们尽快将此项计划提上议程。另外，他们也许要一件主卧室、一间宽敞的厨房以及正式的就餐空间。经过进一步研

由隈研吾为一座20世纪中期建造的美国现代住宅加建的部分的屋顶，从藏在玻璃表皮背后的柱子上悬挑出来。屋顶的端头和挑檐覆盖着的游廊的端头逐渐变细，几乎像刀锋一般锋利，创造出整个结构飘浮在场地之上的印象。

究，他们选择隈研吾，因为后者的建筑具有精巧的结构以及与环境相互交感的特征。妻子认为他的建筑“有一种轻盈的特质”。

隈研吾设计了一个透明的“L”形体量，坐落在原有建筑的西侧。室内完全向外开放，几乎没有实墙体。取而代之的是，不锈钢网屏将交通空间与其他功能区分开来。结构非常纤细，柱子的截面只有3英寸宽、6英寸深，钢梁相应地也十分轻薄，露明的云杉木胶合板托梁支承着屋顶。

新的项目对原建筑有所改动，例如将靠近连接体的一块实体外墙替换成玻璃墙，以此加强新旧建筑之间的视觉联系。同样作为改造的一部分，原先李设置在入口内部的厨房被易位，让原有建筑的整个中心区域成为一片通畅的待客空间，在隈研吾的解释中，这就像日本住宅中的玄关（genkan），也就是入口通道。

扩建部分和比它年长50岁的邻居一样，具有环绕的游廊以及和原有立面中一样的顶篷覆盖。然而，这些近似的建筑构件却有着截然不同的技术事实。李在游廊的边缘处设置竖直向的结构构件，而隈研吾把它们放到室内，置于隔热、低反射率的玻璃后方。尽管李将屋顶的结构藏在檐口板和纸面石膏板的天花后面，隈研吾却选择将结构暴露出来，结构上面的胶合覆板向外挑出、逐渐变薄，在端头处只有纸片那样纤薄。李的建筑体量放置在一块大致平整的地面之上，而隈研吾的扩建部分则坐落在基地中一块陡峭的坡地上，由纤弱的柱子支撑。新的建筑感觉更像一座树屋，尤其是在西边餐厅一侧，地面已经离地17英尺。

为了回应必须将两种不同形式加以结合且互相呼应的棘手状况，隈研吾

3

4

1. 原有建筑的角部曾经是一间卧室的位置，而现在是通向隈研吾加建部分的空间。这个空间还包含在更早的改造中增建的一段楼梯，通向位于地下的家庭室。

2. 不锈钢网屏取代了墙体，在加建部分对空间进行界定。晚上，安装在地板的凹槽中的LED设备为网屏从下方提供照明。

3. 封闭的玻璃过道连接新起居室与原有建筑，它的屋顶看上去被安插在新旧建筑的顶棚之下。

4. 移走了厨房之后，李设计的建筑中的主室变得通畅，可被用作住宅其余部分的玄关或门厅。

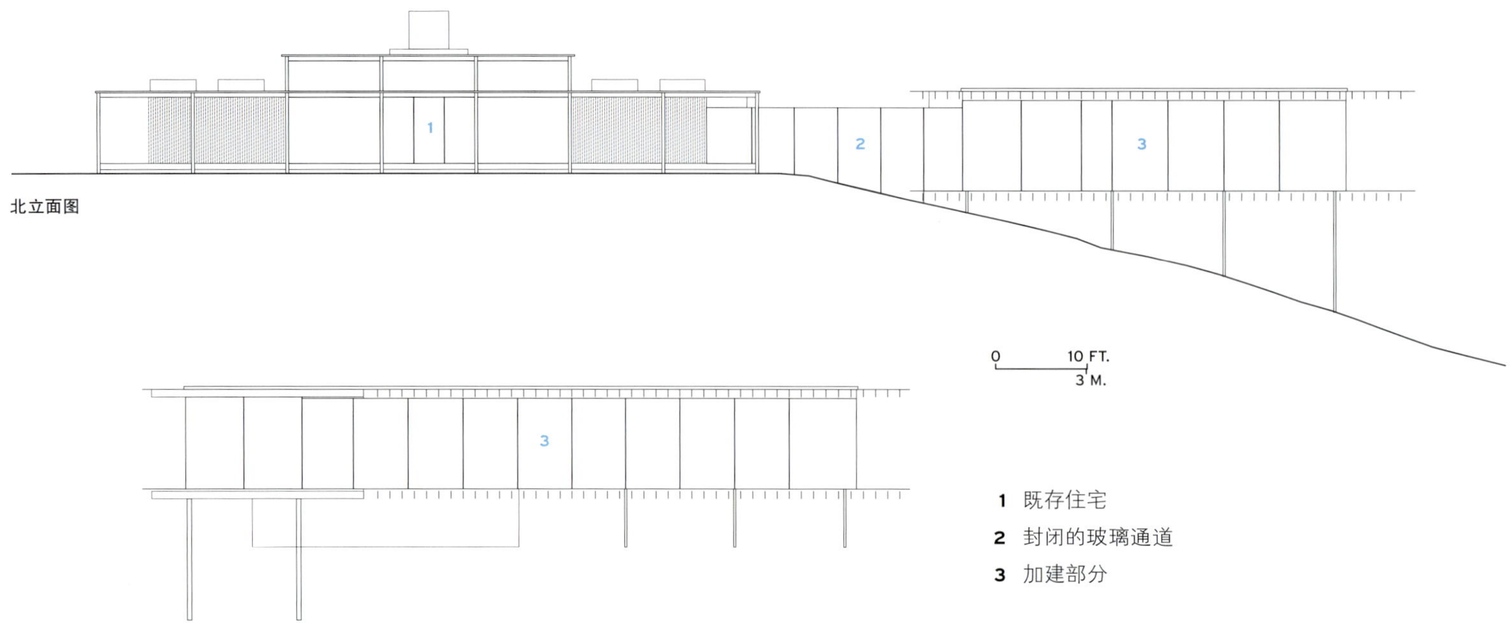

北立面图

西立面图

1 既存住宅
2 封闭的玻璃通道
3 加建部分

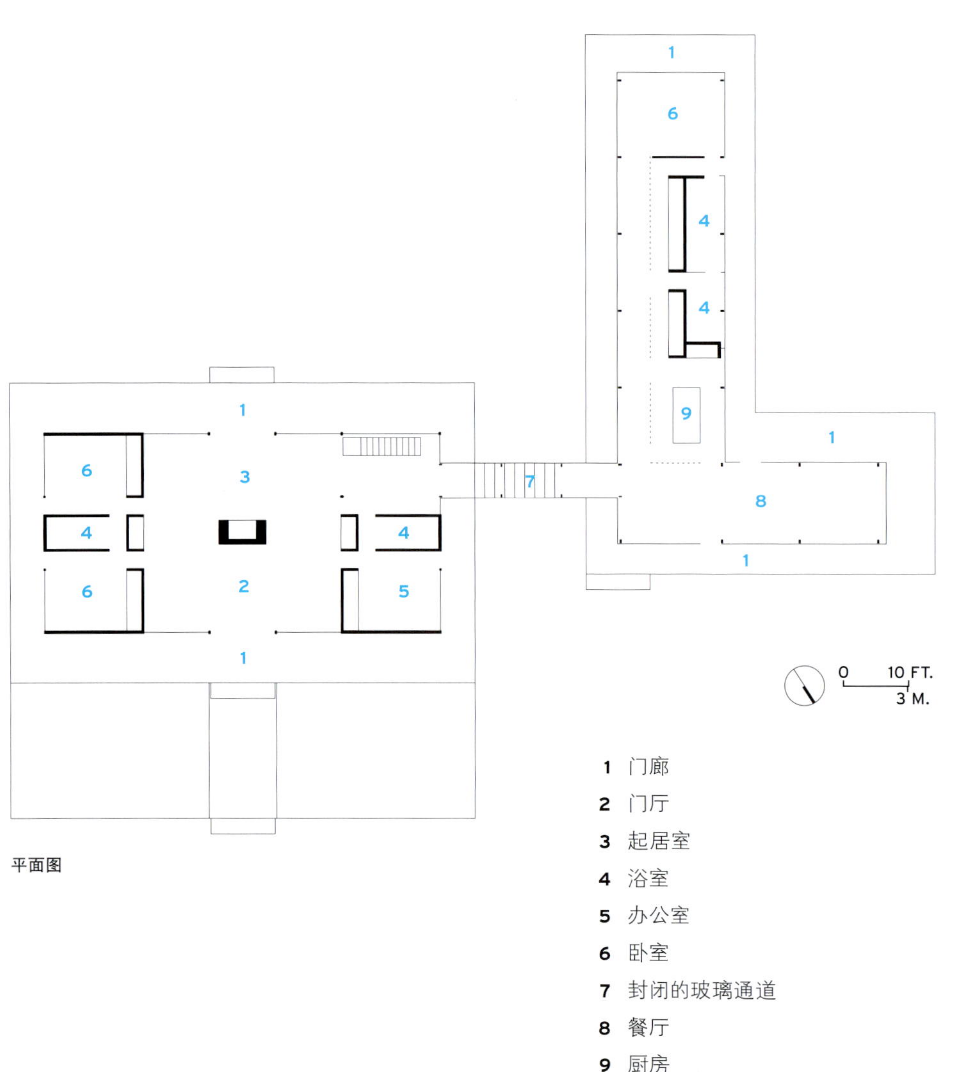

平面图

1 门廊
2 门厅
3 起居室
4 浴室
5 办公室
6 卧室
7 封闭的玻璃通道
8 餐厅
9 厨房

项目信息

建筑师：Kengo Kuma & Associates——Kengo Kuma, principal architect; Yuki Ikeguchi, Satoshi Sano, project architects
记录建筑师：Gregory T. Waugh + Kazuki Katsuno
工程师：The Di Salvo Ericson Group (结构); Kohler Ronan (设备)
顾问：Susan Leaming, Architectural Ix (照明)
面积：3820平方英尺 (原有面积); 3800平方英尺 (加建面积)
竣工日期：2010年6月

材料/设备供应商

玻璃：Oldcastle Building Envelope, Viracon
天窗：Wasco
屋顶：Sarnafil
硬件：Rixon, Dorma, Sugatsune, d line
屋瓦：Vermont Structural Slate
室外栏杆：Kueka Studios
门：Suntech of Connecticut
细木工：Clifton A. Nelson

上图：原有的建筑体量放置在一块大致平整的地面上，而扩建部分则坐落在基地中一块陡峭的坡地上，由纤弱的柱子支撑。

下图：作为对原有住宅的最新一次改造，入口空间上方设置了天窗。胡伊（业主养的两只狮子狗的其中一只）非常享受由此带来的一小片日光。

采用一个长18英尺的封闭的玻璃走道，顺应地形的走势，和缓地连接着4英尺的高差。过道部分的屋顶安插在新旧建筑的顶棚之下，仿佛两座建筑可以按照未来主人的意愿轻易地分离。

虽然新旧建筑的衔接已经异常地小心，李还是希望这个连接不要对原有建筑的表面造成破坏。尽管如此，他还是非常喜欢这个设计，特别是它处理场地的方式。他发现“建筑很好地融合在景观之中”。

这正是隈研吾所要追求的效果。例如，从原有建筑下行至新建筑的处理，目的在于“创造一种融于自然环境的感受”，这位日本建筑师如是说。

尽管李仍然指出其中的白璧微瑕，扩建项目都体现出对于自然环境以及原有建成环境的尊重，它在坡地架起的平台提供了一个新的视点，观看和欣赏原有建筑的清晰简洁的景象。隈研吾并没有盲目地模仿李的语汇，他的扩建明显是敏锐观察的产物，并且重新对这座半个世纪以前的建筑做出周全的阐释。*Joann Gonchar, AIA/文 周伊幸/译 周渐佳/校*

SYNOPSIS Few architectural design problems are as tricky as adding to a building that is rigorously symmetrical. If not sensitively conceived and carefully executed, an expansion can compromise the integrity and compositional balance of the original. But such was the challenge faced by Tokyo-based Kengo Kuma for his first commission in the United States: a new wing for an almost templelike mid-century Modern house in New Canaan, Connecticut.

对页图：由李设计的形态近似神庙的住宅在1956年完成后，很快就作为特写发表在《Architectural Record》上一个矩形住宅的专题中。

上图：正立面看上去和55年前并没有什么不同，然而，它实际上已经过调整。改动发生在中心部分的屋顶，森俊子将其抬高18英寸，也增大了高侧窗的面积，她还将原先已经腐坏的木柱替换为不锈钢柱。而隈研吾在其中添加了竖直向的百叶，以实现原有建筑与新建木构屋顶的视觉连续性。

想与业主一起参观本建筑？请访问*architecturalrecord.com*相关视频。

18.36.54住宅
18.36.54 HOUSE

美国康涅狄格州 CONNECTICUT
丹尼尔·李伯斯金工作室 STUDIO DANIEL LIBESKIND
BY SUZANNE STEPHENS

住宅的使用者可以通过南侧的玻璃开口欣赏田园环境。

对页图：在房屋西侧的一个庭院延伸到起居空间和厨房。

住宅不是博物馆。康涅狄格州3000平方英尺的度假别墅业主清楚地知道这一点。虽然自己也涉及艺术圈,但是他们不希望乡村别墅成为艺术画廊。然而，他们还是委托了1998年柏林犹太人博物馆的建筑师丹尼尔·李伯斯金设计这个住宅。像其他去博物馆参观的观众一样，他们观察到了动感十足的倾斜墙壁、尖角天花和倾斜地板以及穿越空间的视觉体验。

业主希望一幢具有类似体验的住宅，同时提供一个休息、阅读、烹饪和观赏风景的场所。李伯斯金并不以在树林中创造舒适空间闻名，他很想知道最后一点的意思是不是意味着“舒适”（gemütlich）。而业主回忆到当时给他布置的挑战任务：“无论怎样的设计，我们都会要求您使它更加夸张。”李伯斯金接受了委托，甚至没有要求签署合同。

这对夫妇发现了康涅狄格州一块54英亩的土地，绵延起伏地点缀着橡树和18世纪留下的剥落卵石墙体。建筑师对度假别墅的激进诠释竟是一个不锈钢房子。栖息在山丘上像俄国构成主义的鸟禽：李伯斯金通过一组数列进行控制，18条折边、36个切点和54条线（包括褶皱和边缘），而这些数字也成为了住宅的名字。

当接近拉丝不锈钢折角内的隐蔽前门时，感觉像是进入了1920年代德国表现主义电影“卡里加利博士的小屋”（Cabinet of Dr. Caligari）中赫曼·沃姆（Hermann Warm）设计的错综复杂的场景。但在这里是真实存在的。

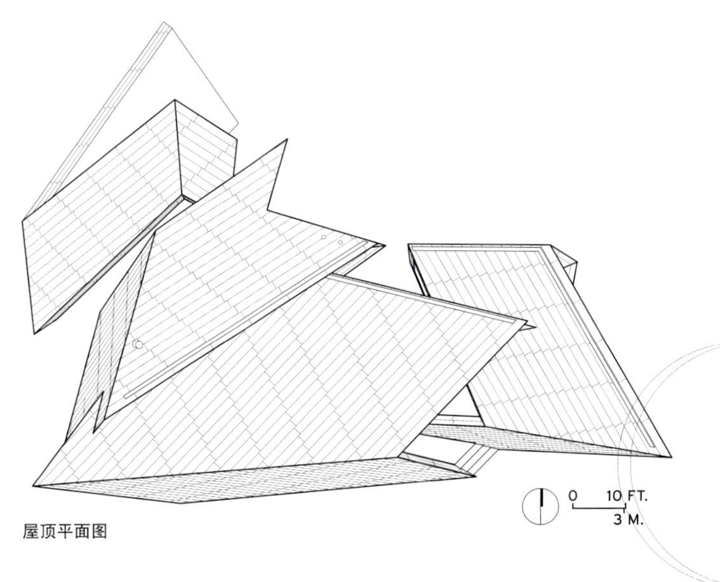

屋顶平面图

整齐优雅的材料和设计使接下的反应更加令人惊讶：它很舒适。李伯斯金说："这是住宅所需要的。"

不锈钢屋顶表面下是暗色、温暖和舒适的橡木。一旦进入，一个坡道逐渐引导向起居区域，有壁炉和环绕周围的内置曲折形沙发。李伯斯金设计了所有的内置家具，包括一张餐桌、长椅和众多的配件，而客户自己也对比性地点缀了乔治三世方椅和传统灯具。

由于剖面和平面的控制，私密的角落和壁龛混合在开放空间中，有框有顶的玻璃开口面向广阔的景观视野。没有窗帘或阴影会挡住视野。这种"间质玻璃"用李伯斯金的话说是插入在屋顶的皱褶中的。唯一一堵垂直墙体位于厨房区域之后，代表了欧几里德的实用主义。即使是壁炉也被塞进倾斜的墙体之中，这一重要的构件原本在设计委任时被遗忘了。（地下层较为简单，包括瑜伽室、储藏间、一间客卧和一张折叠床。）

铜色的不锈钢板覆面的外观色调从深暗、紫色至黑褐发生变化，取决于观察者的位置和在一天内的时间。同样地，面板在波光粼粼的高光与朦胧的哑光之间变化交替。

不锈钢元素安装在胶合板结构绝缘板（SIPS）之上，整体钢框架支撑由

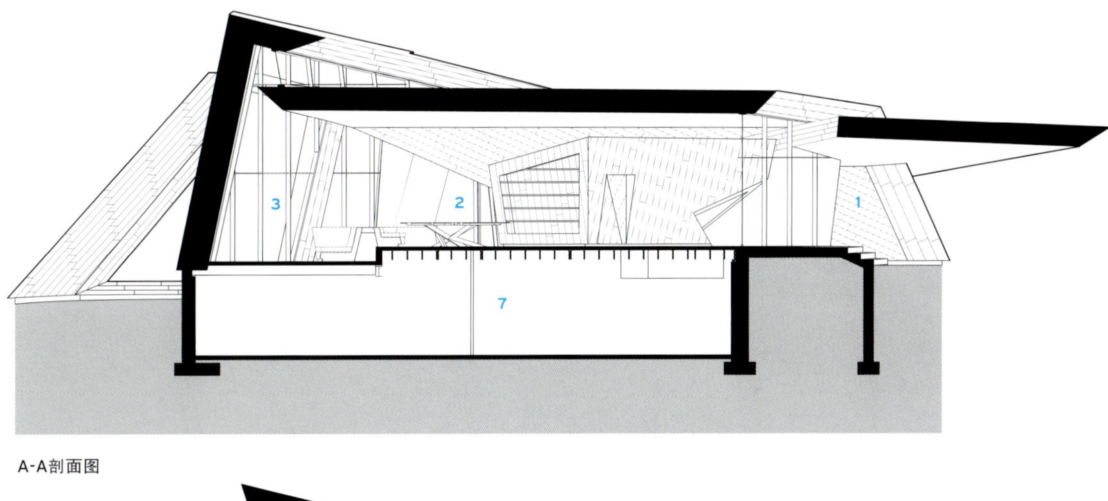

A-A剖面图

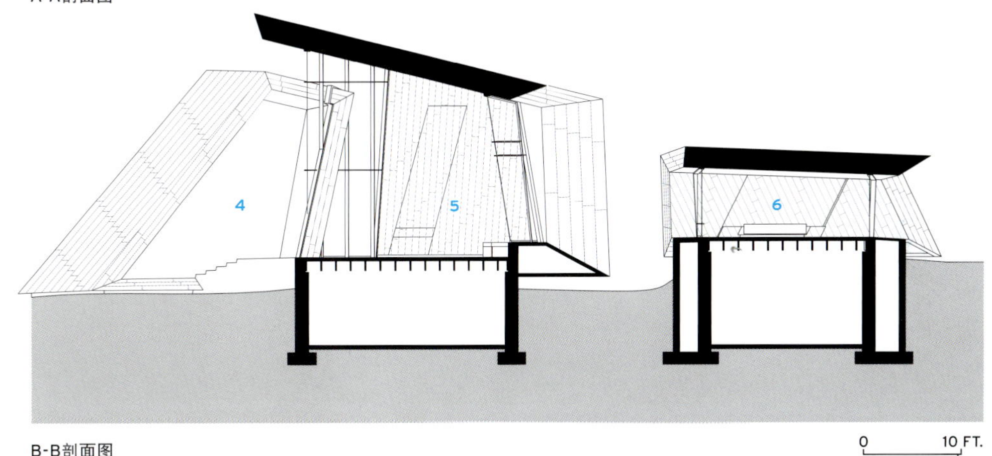

B-B剖面图

0　10 FT.
3 M.

1 入口平台
2 餐厅
3 起居室
4 庭院
5 厨房
6 卧室
7 多功能空间

上图：从室外，不锈钢板会根据观察者的位置和一天的时间表现为反射或是哑光。

右图：在晚上，室内照明照亮覆面而显现的图案。

四个角拱固定。在室内，橡木板通过金属钉连接安装在钢架上。至于延伸到室外的部分，考虑到气候条件选用了不同的完成面。（局部室内墙体没有选用橡木板而是使用了瑞典式腻子。）

为了防止雨水改变钢板的颜色，排水沟沿着屋顶的边缘和落水管嵌入墙壁内。混凝土地板内的辐射系统加热和冷却房屋室内，当需要时还可以引入补充性的送风。

房子所有的技术性的空间创造了一个手工艺作品，其外观令人惊叹，正像李伯斯金希望的“激进而舒畅的”。当这定制的作品需要清洗时更像是条小船，业主拥有一座极具实验性和舒适的生活娱乐小屋。他们也得到了李伯斯金最好的作品之一。*Suzanne Stephens/文 李丹峰/译 戴春/校*

SYNOPSIS A house is not a museum. And the clients for a 3,000-square-foot weekend retreat in Connecticut clearly knew that. While they are involved in the art world, they did not want their country home to be a gallery-like setting for art. Yet it was the Jewish Museum in Berlin, completed in 1998 by Daniel Libeskind, that spurred them to turn to the architect with this residential commission. They had observed that the museum's tilting walls, angular ceilings, and slanted floors heightened the kinesthetic as well as the visual experience of walking through it. The clients wanted a house that would have these experiential qualities, as well as provide a place where they could relax, read, cook, and take in the landscape.

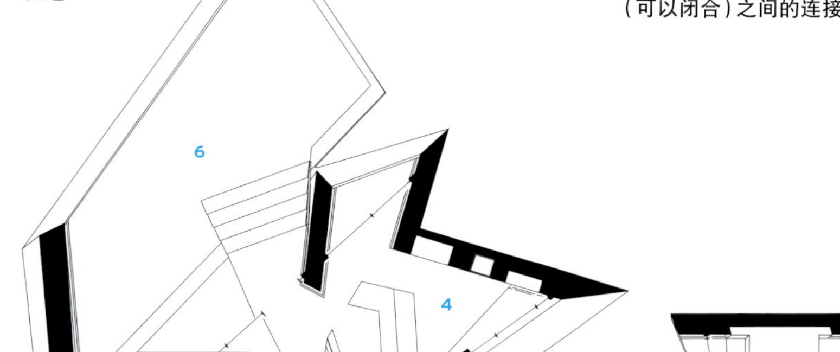

1 主入口
2 餐厅
3 起居室
4 厨房
5 平台
6 庭院
7 淋浴/盆浴
8 卧室
9 坡道

1. 室内的折角橡木板和地面的变化确定了厨房空间。
2. 入口的坡道引向餐厅并逐渐下沉到客厅。
3. 内部空间的流动性可以从浴池（前景）和后面的卧室（可以闭合）之间的连接看出。

项目信息

建筑师：Studio Daniel Libeskind——Daniel Libeskind (主创); Arne Emerson (主创); David Stockwell (助理); Jerry Figurski (工作说明); Roy Oei (设计师)
工程师：Hage Engineering (结构); P.A. Collins (机械/电气/管道)
顾问：Arup Lighting (照明); Kent Greenhouse (景观); Simpson Gumpertz & Heger (建造围护)
总承包：CNR Group
面积：3,027平方英尺
竣工日期：2010年7月

材料/设备供应商

不锈钢板：Rimex Metals; Zahner Metals
结构绝缘板：PanelWrights
钢结构：HyWay Erectors

2

3

访问Architectural Record的网站或iPad应用可以看到丹尼尔·李伯斯金介绍本建筑的视频。

巴伊亚住宅
BAHIA HOUSE

巴西萨尔瓦多 SALVADOR, BRAZIL
MK27工作室 STUDIO MK27
BY GISELA GUEIROS & THOMAS PIPER

巴西MK27工作室的建筑师马乔·高更在萨尔瓦多的庭院住宅使用折叠的幕墙和滑动板材围合出主要立面。

许多建筑师声称他们用光来建造，或者是他们拥有炼金术的能力使材料空灵。在巴伊亚（Bahia）住宅中，圣保罗MK27工作室的建筑师马乔·高更（Marcio Kogan）设计了一个更好的：他使用微风建造。结合了当代设计的原则、传统巴伊亚式选址和乡土材料，高更创造了梦幻般的高效建筑，似乎与环境共呼吸。

巴伊亚是该国东北部的一个区，是巴西必不可少的一部分。这里拥有许多国家的文化图标：桑巴、卡波耶拉（有关武术的舞蹈）和candomblé（非裔巴西人的宗教）。这里在巴西历史上曾经是殖民地，非洲奴隶的历史和原生传统都在深情和慵懒中结合，是巴伊亚人悠闲性格的代表。炎热和潮湿的气候年复一年地循环。

通过一个陡峭的山坡，在州府萨尔瓦多的一个门禁小区内，高更在2010年完成了这个住宅，在一个开放的庭院内建造了方形平面的建筑。广场的三侧由自然石材围合。第四侧面对着街道，有一块飘浮屋顶确定的空间，屋顶搭建在石墙上，简单的通高麻纱壁（mashrabiya，一种阿拉伯幕墙）在立面上延伸67英尺长。幕墙可以折叠成手风琴的样子，展示出第二面层可以滑动的8英尺宽、10英寸厚的玻璃。这样的设计意味着起居/餐厅空间可以完全开放面向街道和庭院，在另一端是卧室。除了八块木模板塑造的方形混凝土柱子，空间是流通的，充分利用从附近大西洋吹来的季风在室内穿越。

住宅毕竟不是紧邻大海。它坐落在 个郁郁葱葱、茂密的树林中，邻接着城市的动物园。由于住宅与周围的自然环境无缝的结合，动物园内小侏儒猴

1. 卧室一侧由一块滑动的幕墙围合，与内部庭院的线性水池分开。

2. 前侧的走廊由悬挑的屋顶覆盖，天花使用了表面不作处理的木材，连接了起居室和餐厅空间。

3. 住宅的精心设计使起居和餐厅空间开放面向保留了两棵芒果树的草坪庭院。再生木材造的阿斯图里亚斯（Asturias）扶手椅是由卡洛斯·莫塔（Carlos Motta）设计。

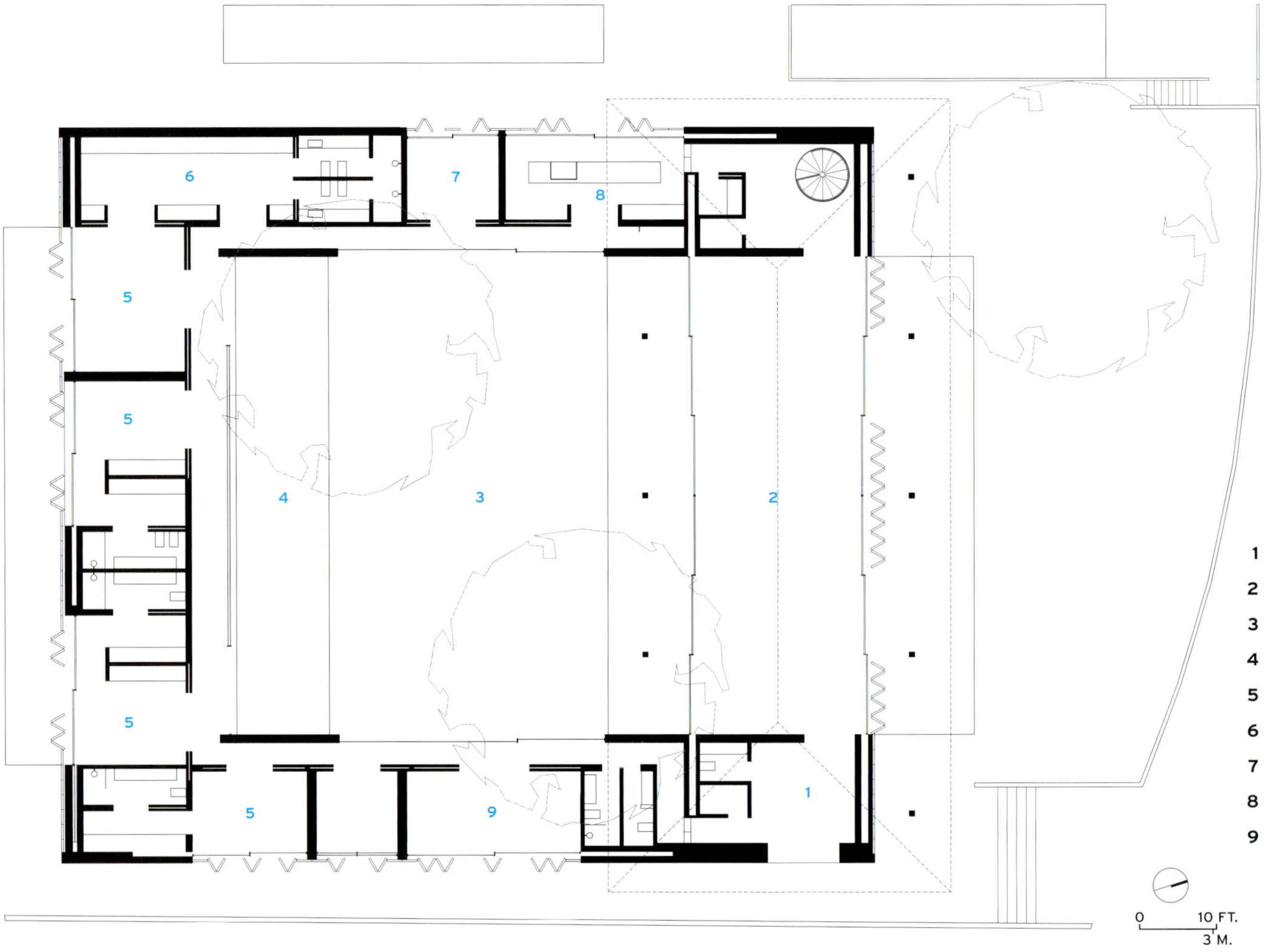

1 主入口
2 起居室
3 庭院
4 反射水池
5 卧室
6 卫生间
7 家庭办公
8 厨房
9 健身房

0 10 FT. 3 M.

2

3

成为庭院的常客，吸引它们的是三棵巨大的芒果树，每棵都超过100年树龄，为住宅的开放空间提供了自然树冠。

当业主买下基地时，他最初想聘请高更翻新现有的结构。高更拒绝了这个要求。他回忆说："房屋破旧不堪，而且热工性能很差。"在收到很多来自其他建筑师的无法打动人的装修建议后，业主回头找到高更同意从头开始。芒果树被全部保留。特别是其中两棵位于基地中心，它们帮助高更确定了住宅的形状："我最喜欢平房"，他说。"由于基地足够大，我们可以创造一个巴伊亚典型的方形内部庭院。"

在广场的三侧，室内墙体确定了非公共空间：厨房和服务领域、卧室和浴室以及书房和家庭办公。一块麻纱壁幕墙沿着后院墙体隔开了卧室和这一侧边缘的线性游泳池，模糊室内室外空间。但是高更的真正控制在于将围合从传统的坚固石墙改为细腻的空间分隔，类似于滑动的玻璃面板，或是折叠的麻纱壁，这让室内外景观情景交融。这三侧的地面楼板都是15英寸厚。用高更的话说"我们浸埋这个住宅"。从室内看，尺度上的微妙变化使周围的树林越过墙体进入内部庭院。

为了突出效果，每堵墙体的面层石材放置在地面上，给予住宅仍有可能慢慢下沉到泥土中的错觉。石头大小不等，但是都选择了近长方形。因此，强烈的水平线条与屋顶线的平整共同形成，以质朴的材料创造了一个和谐而非冲突的现代主义代表。

在起居和餐厅空间的天花上，高更以类似的手法使用了业主从拆除的建筑中收集的木板。将每一块切割成相同的宽度（但具有不同的长度），天花板表现出线性属性，夸大了跨度。每一块木板都没有做表面处理，保留其各自特性，成为现代的错落有致的木材。

通过周到细致的细节处理，在明确的现代主义语境中，高更保证质朴的材料和周边没有任何冲突。一个明显的例子是住宅前侧的粘土瓦片屋顶。社区中几乎每一个邻居都使用了同样的屋顶材料——无处不在的巴西殖民时期的符号。但是高更指出瓦片是象征性的，因为他们更适应气候。尽管萨尔瓦多持续不断的潮湿天气，巴伊亚住宅的起居区域完全不需要空调，甚至没有使用电扇。砖瓦与深思熟虑的住宅定位一起创造了完美的热工性能。

将所有的麻纱壁关闭，同时保持玻璃窗的打开状态，坐在起居室内塞尔吉奥·罗德里格（Sergio Rodrigues）设计的传统巴西摩尔椅子内，会感觉到凉风习习地吹入室内。芒果树抵挡了炎热的夏日阳光。室内氛围如同是慵懒的走廊。时间变缓为巴伊亚的步伐。关于走廊，有一个巴伊亚的传统：沿着海滩悠闲的散步，在每家的走廊停留与邻居聊天。这一行为仅仅存在于巴

1. 起居和餐厅空间的滑动的麻纱壁幕墙和玻璃窗面朝街道或是庭院。塞尔吉奥·罗德里格设计的舒适摩尔扶手椅帮助定义起居空间。

2. 参观者从到达入口的那一刻起，他们就感受到高更的石墙处理，它强调了木板天花和滑动幕墙的水平感。建筑师指出质朴材料与现代主义的直接碰撞在20世纪的建筑师卢西奥·科斯塔（Lucio Costa）、奥斯卡·尼迈耶（Oscar Niemeyer）和丽娜·博·巴尔迪（Lina Bo Bardi）的作品中也很常见。

伊亚，高更的住宅寄望实现这一传统。*Gisela Gueiros & Thomas Piper/文　李丹峰/译　戴春/校*

SYNOPSIS　Many architects claim they build with light, as if they possess an alchemical ability to make the ethereal material. With his Bahia House, the São Paulo-based architect Marcio Kogan, of Studio MK27, does them one better: He builds with breeze. Combining the principles of contemporary design, traditional Bahian siting, and vernacular materials, Kogan produced a fantastically efficient house that seems to breathe with its environment.

Approached by going up a steep hill, in a gated residential neighborhood of the state capital, Salvador, the house has a square plan built around an open-air courtyard. Three sides of the square are constructed in natural stone, or moledos. The fourth side, which faces the street, is an open volume framed by the overhanging roof that rests atop the opposing stone walls, and by a simple floor-to-ceiling mashrabiya (an Arabic screen) extending the 67-foot-long elevation.

Gisela Gueiros是作家和艺术史家，Thomas Piper是摄影师，两人都来自纽约布鲁克林。

项目信息

建筑师：Studio MK27——Marcio Kogan（主创）；Suzana Gloglowski and Samanta Cafardo（合作设计师）；Diana Radomysler（室内设计师）；Beatriz Meyer, Carolina Castroviejo, Eduardo Chalabi, Eduardo Glycerio, Eduardo Gurian, Gabriel Kogan, Lair Reis, Luciana Antunes, Maria Cristina Motta, Mariana Simas, Oswaldo Pessano, Renata Furlanetto（设计团队）；Henrique Bustamante, Sergio Ekerman（配合）

顾问：Renata Tilli（景观）

面积：7,240平方英尺

竣工日期：2010年1月

材料/设备供应商

石墙：Pedras Bellas Artes

木框架和门：Plancus Engenharia

橱柜和传统木工：Brumol

扶手椅和桌子：Carlos Motta

吊灯：Tom Dixon

摩尔扶手椅：Sergio Rodrigues

灯具：Lumini

莱利亚住宅
HOUSE IN LEIRIA

葡萄牙莱利亚 SALVADOR, BRAZIL

艾利斯·马特乌斯及合伙人事务所 AIRES MATEUS & ASSOCIATES

BY DAVID COHN

1

1. 建筑在住宅四个角落附近下挖了庭院，将光线引入地下层卧室，并创造出草坪上神秘的方形亮点。

2. 完全包裹在白色石膏内，房屋使用了大富翁游戏中的住宅原型。

3. 参观者可以穿过大门，通过一组向上的楼梯到达主入口。在街道边缘的另一侧，一条车道将汽车引向下层的车库。

里斯本的兄弟曼努（Manuel）和弗朗西斯·艾利斯·马特乌斯（Francisco Aires Mateus）公布了他们突破传统的超现实梦幻住宅设计。某个项目中，他们在海滨别墅中的沙坑地面中布置了客厅家具。在另一个翻修酒厂中，他们将卧室空间像几何钟乳石般悬挂在起居室之上。而在这个莱利亚小城外为年轻家庭设计的项目中，他们创造了一个完美的家宅原型，像是大富翁游戏或是童话中的房子。显眼的白色石膏包裹的坚实体量的坡屋顶坐落在宽阔的草坪绿色基座上，在葡萄牙的阳光下大显其形。

但是参观者很快发现当室内向阳光和空气开放时，真实的生活氛围从这个牛奶盒状的房屋各个角落溢出。建筑前侧唯一的深厚开口显示了斜向体量下的起居空间，穿越住宅的中心部分，从屋顶到地下室通过楼梯贯穿三个楼层。建筑师在毗邻住宅四角的草坪上分别下挖了小型庭院，将光线引入地下层的卧室，延伸到住宅地面的背后如同创造了一个不可见的根基。

曼努带领着这个里斯本设计团队负责这个项目，他解释说这个设计围绕着三个方面来考虑。首先，“不那么

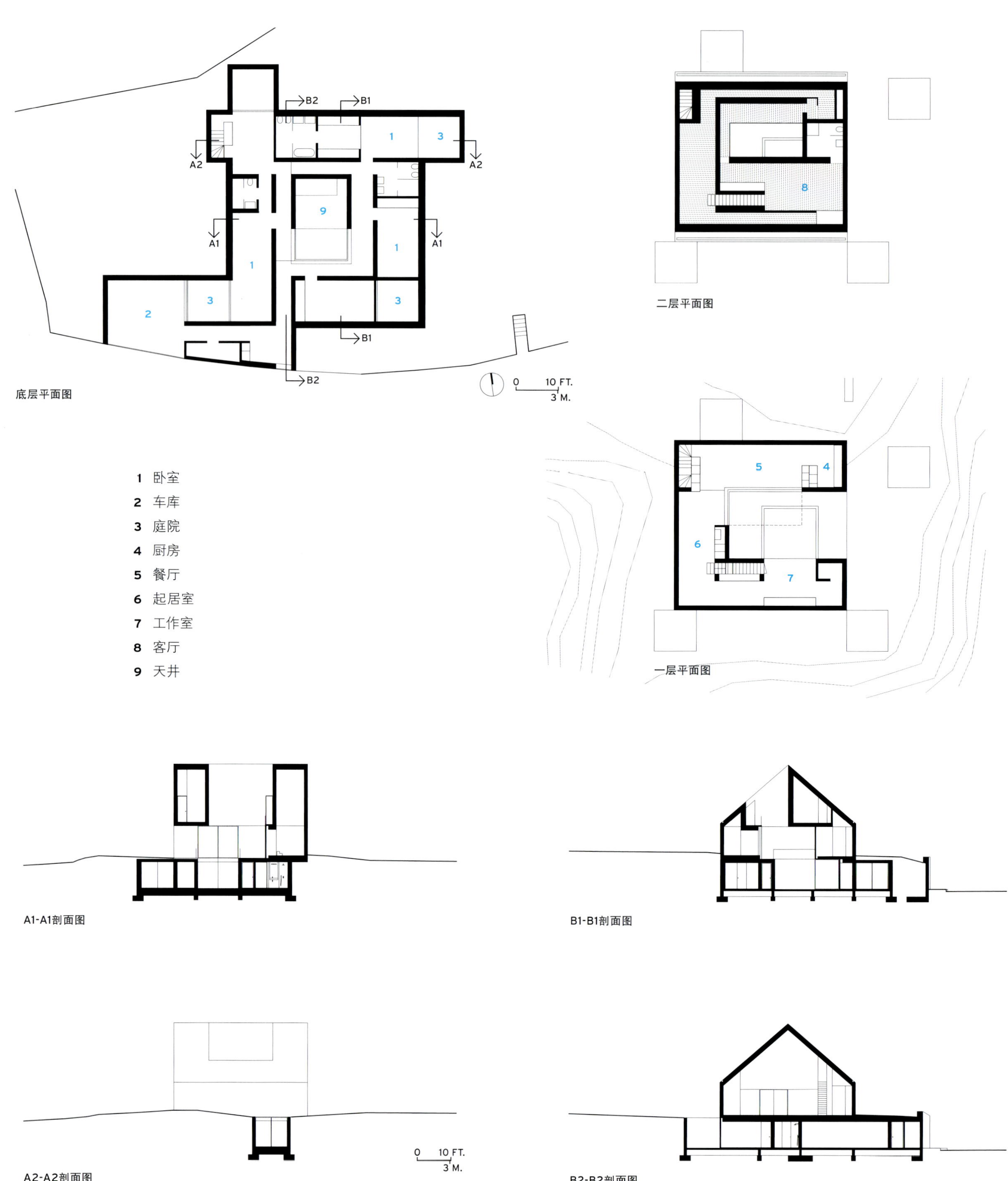

底层平面图

二层平面图

一层平面图

1 卧室
2 车库
3 庭院
4 厨房
5 餐厅
6 起居室
7 工作室
8 客厅
9 天井

A1-A1剖面图

B1-B1剖面图

A2-A2剖面图

B2-B2剖面图

1. 狭窄的楼梯通向顶层的客厅。木头踏面和踢面给这个白色墙体和天花的住宅塑造一种温暖的感觉。
2. 穿越房屋中心的大空间是生活空间，比如餐厅等围绕着它。
3. 在地下层，中心天井成为环绕四周的卧室的空间参照。空间轴线沿天井向上穿越了屋顶，模糊了室内外的边界。

好”的基地鼓励他创造一个内向型的建筑。住宅位于城外的山顶定居点中心，如同葡萄牙经常发生的状况，这里混合了自然的乡村住宅和谦虚的新建住宅楼。其次，远处是莱利亚的主要地标，一个中世纪的城堡位于几千米外的西山顶，在它们之间创造了一种“神奇的联系”。最后，他感觉项目的规模——四个卧室和3200平方英尺的面积对于基地来说过大。因此，他使用街道和花园之间楼层的变化布置了地下层的主要部分。“每个空间都有自己的庭院”，他指出，“如果你在卧室，你有下沉庭院提供的私密空间。”一个车库和街道层的入口直接通向下层，而花园大门和楼梯带领参观者进入草坪入口。

设计中的主要事件是中央天井上的三层楼空间。这样一个有趣的元素“通过光线获得形式感”，曼努解释到。通过变化的玻璃窗，通高的窗户和空间周围的实心墙体，建筑师强调了开口的雕塑感，精心塑造南向面的负空间。在主楼层，锯齿切割的花岗岩室外平台面向景观，并可以看到下面的天井广场，那里种植了一盆柠檬树。

设计中的众多特征之一是建筑师允许形式的逻辑追随重要功能的便捷，平台通过一个巨大的非舒适性的踏步隔离了起居空间，使室内外产生一种尴尬的流动关联。结果证明了建筑师试图将楼板边缘隐藏到通高的玻璃板后，在北侧连接下一楼层的空间，这个策略也表现出建筑师对于精确性的尊重。此外，大尺度的天井切入到生活空间。长沙发旁边没有更多空间提供给扶手椅或咖啡桌；在一端可以看到城堡；在另一端有一个墙柜，并隐藏了电视机。曼努解释非常规的屋顶石膏完成面由现代的防水系统构成，并表示不需要比混凝土墙体更多的维护——只需要定期粉刷。他指出草坪中切割出来的无防护庭院是“真正的问题”，特别是这对夫妇还有一个

上图：**不同于传统前门入口，住宅在首层有一个矩形开口引导参观者进入走廊并进入生活空间。住宅四角的下沉庭院目前还没有护栏以防止行人掉落。建筑师打算在庭院四周设置几乎不可见的安全防护网。**

对页图：**站在三层，参观者可以向下看到中心庭院以及前院。**

项目信息

建筑师：Aires Mateus & Associates——Manuel Aires Mateus（负责人/合伙人）；Maria Rebelo Pinto（项目建筑师）；Humberto Fonseca, Luisa Sol, Tiago Santos（设计团队）

面积：3,200平方英尺

竣工日期：2010年

年幼的孩子。他正计划安装一个几乎不可见的安全网。当询问是否使用玻璃栏杆或是树篱，他回答“那将是不能接受的！”

住宅整体制作精良，有瑞士产的优雅铝制窗框、8英尺长的当地产松木地板和楼梯板、漆木的内置壁橱和橱柜，以及使用一种罕见的葡萄牙石灰石的Lioz浴室地板。在经费的控制下，业主正在生产建筑师设计的定制家具。一个优美的餐桌和长条沙发将各就其位。但是目前，夫妇还只能在卧室地板上的床垫上休息。

艾利斯·马特乌斯兄弟在20世纪80年代末毕业于里斯本建筑学院，是冈卡洛·伯恩（Gonçalo Byrne）的学生。由于其隐蔽性、下挖空间和错综复杂的平面，莱利亚的房子很容易让人联想起同样是冈卡洛·伯恩学生的保罗·大卫（Paulo David）设计的马德里马达斯博物馆［Casa Das Mudas Museum，《Architectural Record》2007年5月，第192页］。而它的原型和雕塑形式，浓缩了阿尔多·罗西令人回味的场景以及极少主义的精确性。*David Cohn/文　李丹峰/译　戴春/校*

SYNOPSIS　The Lisbon-based brothers Manuel and Francisco Aires Mateus push their residential designs out of the realm of the ordinary toward the surreal and dreamlike. In this project for a young family outside the small city of Leiria, they created the perfect archetypal form of a house, straight out of a Monopoly game box or a fairy tale. An apparently solid volume wrapped completely in white plaster – pitched roof and all – sits on the green plinth of an extended lawn. But the visitor soon discovers that the actual living quarters spill out from this milk-carton house on all sides, while the interior opens to the light and air.

蒙特其托住宅
MONTECITO RESIDENCE

美国加利福尼亚州 MONTECITO, CALIFORNIA
巴顿·迈尔斯事务所 BARTON MYERS ASSOCIATES
BY LAURA RASKIN

Rios Clementi Hale Studios的景观设计成为远离住宅的失败之作。

右图：金属面板屋顶跨越20英尺宽的住宅主要区域，向外挑出10英尺。由于天气原因，三扇机械升降门经常保持开启状态。

“现在，Schindler，Neutra和Wright他们终于明白了”，巴顿·迈尔斯（Barton Myers）坐在他最近完成的钢和玻璃住宅的草地中如是说。该住宅位于加利福尼亚的Montecito，于2009年竣工。迈尔斯说的这些人所明白的东西指室内外的对话，因为西海岸的住宅应该拥抱花园，而不是把他们互相分隔。这里也不是加拿大，虽然迈尔斯在那里度过了其早期职业生涯。根植于南加州温和、完美的天气，这个作品中迈尔斯的现代主义有着强烈的地区性（其Barton Myers建筑事务所位于洛杉矶）。该住宅综合了源于墨西哥北部移民过来的西班牙和摩尔人的影响，以及天堂花园的东方理念。

得益于之前项目积累的经验和用于建筑内外部铁构件的帮助，这是迈尔斯在加利福尼亚包括1999年完成的自宅在内的第四个钢结构住宅作品。多罗西·加德纳（Dorothy Gardner）和她丈夫约翰（John）共有该房产，她说现在他们终于能够“拥抱”这个住宅了，并称赞它是“相当的美丽”。迈尔斯把该住宅使用的个性化的非定制构件，诸如21.5英尺的钢板，金属屋顶，机械升降门等称为“预先制造”。“我真正想要做的是从这个真正意义上的梁柱结构（post-and-beam）系统中获取经验教训”，建筑师说。其工业美学彰显了建筑师的兴趣所在和自身经历——对试飞员技术的引进；加拿大钢铁公司杂志STELCO的客座编辑；1970年代和建筑师A.J. Diamond在多伦多的实践；在剑桥和宾夕法尼亚大学学习时师从路易斯·康（Louis Kahn）等等。关于其对钢和玻璃的阐释，从水晶宫（Crystal Palace）到尼古拉斯·佩夫斯纳（Nikolaus Pevsner）再到埃姆斯住宅（Eames House），迈尔斯能在几分钟之内脱口而出。

该住宅坐落在圣巴巴拉山（Santa Barbara）面积一英亩的基地上，位于陡峭峡谷的东侧，其尽端是一小溪。项目协助负责人汤姆斯·施奈特（Thomas Schneider）回忆说，该项目的完成不仅需要冒险精神，更需要极大的毅力，成吨的巨石从一个被废弃的小住宅基地运出来。其他的巨石则被保留下来，从而得以把住宅融入这个“粗糙”的基地中。但3360平方英尺朝南的主体住宅并

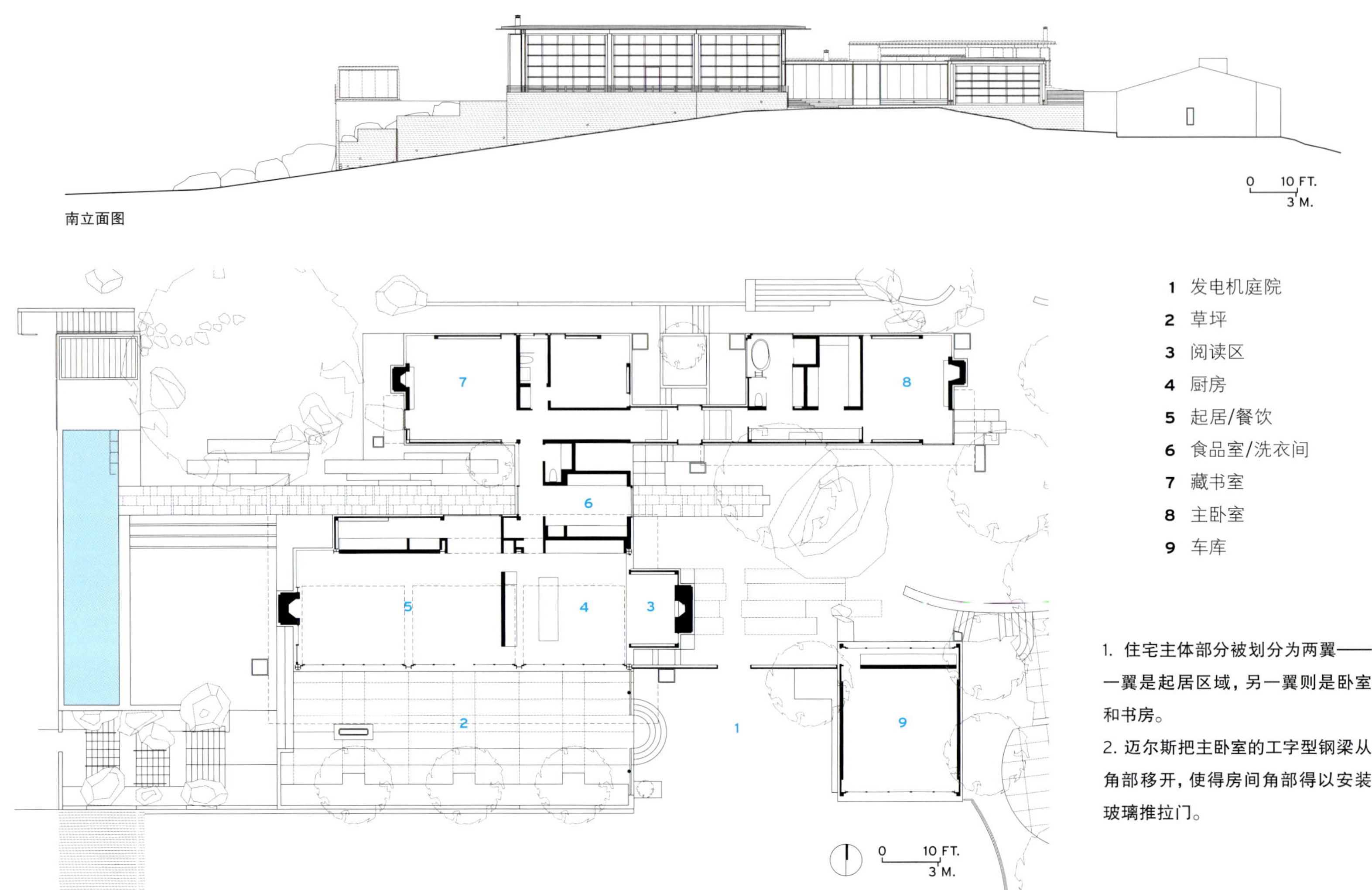

1. 住宅主体部分被划分为两翼——一翼是起居区域，另一翼则是卧室和书房。

2. 迈尔斯把主卧室的工字型钢梁从角部移开，使得房间角部得以安装玻璃推拉门。

不愿意尝试去模仿基地，它具有明显的人工制造特征，可以说是透明的居住机器，三层20英尺宽的玻璃和钢板悬跨在宅门之上。在2月初的日子，当住宅全部开敞，其宅门便在金属板材屋顶下"休息"了。迈尔斯说"这些门相当智能，当举起数千磅重时，它们齿轮链条会随着优雅的转动"。迈尔斯坚持说是这些门（在他所有四个加州的住宅中都使用了）而不是玻璃，化解了内外的隔阂，"你别以为玻璃建筑是完全透明的建筑，它们有反射以及一系列的问题。即使你在一个玻璃的空间内，和你在外部时候是不一样的。"

住宅主体被划分为两个平行的部分，中间以一条设有食品室和浴室的小道相连接。起居室和厨房面向草地，其上覆盖的金属面板屋顶向外悬挑10英尺。工字钢梁和6英尺高的高侧窗扩展了起居室和厨房对Santa Ynez山景的视野。"对我来说，工字型剖面是如此完美，因为它们不仅精确还能互相遮蔽并产生阴影"，当迈尔斯谈到他为何选择密斯的角部细节处理时如是说。在一些房间的角部，柱子被移开以为角部玻璃推拉门让出位置。业主夫妇选择了整体化的Bulthaup厨房，并要求迈尔斯设计一间带有壁炉的阅览室，并营造出舒适、穴居般的感觉的。

尽管现浇混凝土楼板能辐射热量，该住宅没有设置空调系统。基于在车库中使用的太阳能发电和在藏书室使用太阳能收集器，业主夫妇说要把它们的电费单保持在一位数字。施奈特说虽然"这个住宅有很多玻璃，所以当你说到可持续性的时候经常会引发争议"，但最终它还是符合加州的第24条能源规范，也就是最严厉的一条，从而"业主能够根据一天的不同时候来打开或者闭合门窗，以使每个空间都达到最为舒适的气候状态"。

迈尔斯把该住宅与布劳耶（Marcel Breuer）1940年代的双核住宅概念相提并论，特别是卧室和藏书室两个独立部分，他认为这"在很多方面都具有意义。比如声学上的隐私以及从公共空间到私密空间转变时的感觉"。卧室和浴室之间也由宽走道隔开。在外部，由Rios Clementi Hale Studios设计事务所对其进行了景观设计，日本风格庭院把主居住区一分为二。该公司还在室内加入暖色的装饰以对比工业化设备。（但业主夫妇并没有享受到其现代adobe式的乐趣，外部景观最近已经由Neumann MendroAndrulaitis建筑事务所进行了更新。）

一个家门前能看到太平洋的游泳池，一股倾泻入内的喷泉，但泉水无法淹没路上不时飞驰而过的汽车或者敞篷车的声音——这就是加州之声。*Laura Raskin/文 姚彦彬/译 戴春/校*

项目信息

建筑师：Barton Myers Associates ——Barton Myers (主创); Thomas Schneider (协助负责人); Yianna Bouyioukou (项目建筑师); Wayne Thomas, Cheng Zhou, David Karp (项目小组)

结构工程师：Norman J. Epstein

景观设计师/室内：Rios Clementi Hale Studios

面积：3,360平方英尺 (主体部分); 500平方英尺 (车库); 原有715平方英尺 (客房)

竣工日期：2009年8月

材料/设备供应商

室外板材：Kingspan

门：Fleetwood (推拉门); Arm-R-Lite (升降门)

窗户/门：Torrance Aluminum, US Aluminum

屋顶：SikaSarnafil

之间宅
INBETWEEN HOUSE

日本轻井泽 KARUIZAWA, JAPAN

KOJI TSUTSUI建筑事务所 KOJI TSUTSUI ARCHITECT & ASSOCIATES
BY NAOMI R. POLLOCK, AIA

1

一系列方盒子由不规则的间隙空间所统一起来，之间宅（InBetween House）旨在建筑尺度上来模拟日本的城市空间。其各个规则矩形体量犹如小型建筑，之间的不规则空隙区域则是日本城市中自然形成的窄走道和奇特间隙。这个略显奇特的生活住宅位于东京以北95英里的优美度假小镇轻井泽（Karuizawa），其40岁左右的业主夫妇在东京工作，相比住在乡野，通过子弹头火车来上下班的日常费用对他们来说微不足道。

最近开通的高速铁路线使得业主的这种生活方式在逻辑上成为可能。而真正使之成为现实的则是经济危机，他们在那时低价买下了该16,000平方英尺的房产。坐落于已经规划的第二家园开发区的隐蔽基地离车站不远，在狭窄而蜿蜒的小路尽头。在该基地上能看得到周边建筑，且毗邻一片属于日本皇室家族的受保护森林。虽然开发商为了吸引买家，在30年前就整平了这块陡峭斜坡但四方基地的一部分，但一直没有出手，直到这次经济危机才卖出。也正是幸亏因为开发商之前对基地的坡度重整，当客户买下它的时候基本可以马上进行建设。受到高耸的karamatsu松树和群山的启发，业主想要菲利普·约翰逊（Philip Johnson）和吉村顺三（Junzo Yoshimura）住宅的综合体。“这其实在某种程度上是矛盾的”，建筑师Koji Tsutsui说，“他们既要坡屋顶，也要大面积的玻璃窗。”

2

3

1. 之间宅位于险峻山坡上的一块平地上，按照轻井泽的当地传统，用石柱标记出建筑红线。一条砂石车道通向车库以及建筑背后“前门”前带顶的小场地。

2. 建筑北端的立面是阳光室的玻璃幕墙，其右侧是木内墙卧室，左侧则是卫生间。纵向窗户给卧室带来了新鲜空气，横向的玻璃带型窗则使得从浴缸中就能远眺美景。

3. 护墙板由当地的karamatsu松木制成，基地周边都是这种类型的松木。木头的颜色符合轻井泽当地建筑规范亚光、中性的室内要求。

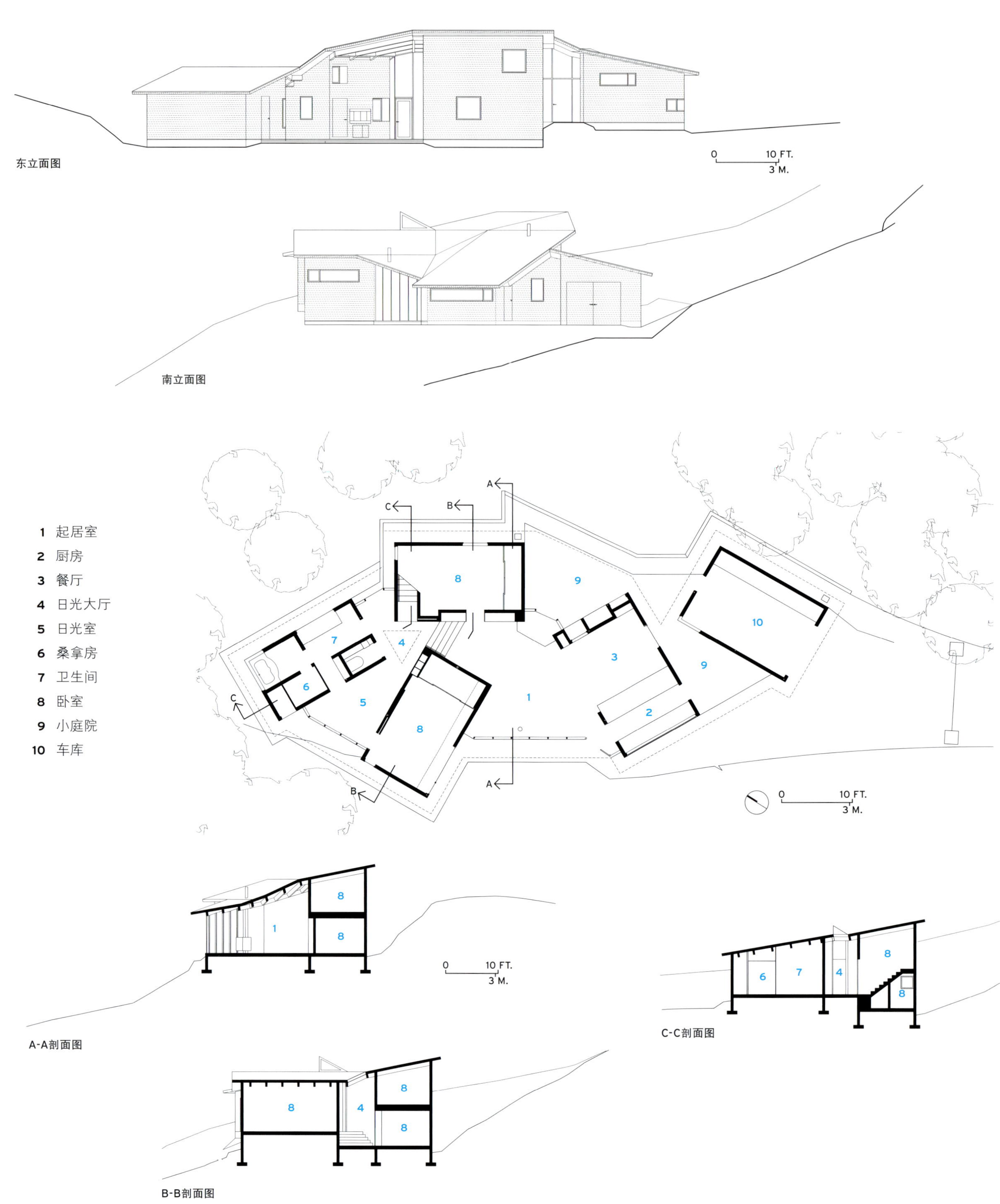

东立面图
0
10 FT.
3 M.
南立面图
1 起居室
2 厨房
3 餐厅
4 日光大厅
5 日光室
6 桑拿房
7 卫生间
8 卧室
9 小庭院
10 车库
A
B
C
0
10 FT.
3 M.
A-A剖面图
0
10 FT.
3 M.
C-C剖面图
B-B剖面图

上图：作为室外休闲场地，入口空间设置有内置的木燃烧壁炉，再往前是15英尺厚玻璃板框的前门，使得内部的起居空间向室外围合庭院的开敞。

左图：木屋顶结构是该住宅最为复杂的部分。建造方首先从覆盖五个矩形房间开始建造，然后修剪其上的梁和桁架来适应间隙空间并最终覆盖整个内部空间。

作为一个在圣弗朗西斯科和东京都有项目的时尚城市人士，建筑师Tsutsui在大阪为安藤（Tadao Ando）工作了六年，之后独立设计了其线性、混凝土的木瓦自宅。在谈到之间宅的时候，他说："这种情况要求我以自由的方式来进行设计"。在之前的乌干达学校和孤儿院（2008年）中，建筑师设计了坡屋顶覆盖下的八个互相交织的模块化小屋，在该设计图式的启发之下，之间宅进一步延续了建筑师这个设计方向。

建筑师最初的设计是顶部覆盖以指向不同方向屋顶的一连串房间。但当把体量打散为分散的小体块并把他们像国际象棋那样摆放的时候，建筑师意识到对间隙空间的操作是激活平面的关键所在。在对一系列电脑生成的建筑图式讨论之后，最终建筑师和业主对一个环形的流线布局达成一致，该布局由五个方盒子空间、玻璃墙体和连续的多面体屋顶组合而成。

从宅前车道开始按照顺时针方向分别是车库、一体式厨房和餐厅、主卧室、卫浴套间、仅有双层的体量-客房（分别是西式和榻榻米式）。其余部分则是交通系统，流畅地连接了住宅的一头到另一头：从户外车库和厨房之间的契形空间开始，再变形为户门外的第二块场地，进入室内之后，则成为起居空间，随之成为日光大厅和日光室，最终退后化为休息区域，可以远眺树木遍布的群山。Tsutsui解释说："整个平面布局看似随意，实际上每个细微的变化都是牵一发而动全身。"

每个矩形房间都在几何上精确地互成30°或者60°，并且每个体块都大约在11英尺X21英尺左右，大小非常接近，这和日本传统住宅相类似。自我闭合的房间在外面覆以当地的松木，内部的私人区域几乎都是白色石膏地板。与之相反的是，自由流动的间隙空间贯通整个被围合出来的住宅空间，双层的玻璃墙体则模糊了内外部的界限。

住宅的整个顶部覆盖以1英寸厚的的钢板屋顶，由不同的斜面板组成，互成角度并指向不同的方向。在整体上，该屋顶符合当地屋顶铺盖的规范要求，而其特殊的排水和滴水设计则使得排水系统更加顺畅，并结合了内部的屋顶来考虑。从厨房外的6英尺高到客房的17英尺高，整个屋顶剖面满足了不同房间对舒适度、气候和功能的多种要求。较低的天花板在私人区域形成了亲密的氛围，较高的天花板则为起居室和日光大厅提供了对乡野的良好视野。

不出所料，屋顶结构部分是对施工方的最大挑战。从最简单的步骤开始，先在木结构的方形空间上放置直梁和桁，将它们延伸出来作为悬挑的屋檐，这些紧邻的屋檐在不同的点互相连接，从而将各个房间松散地连接成一体。随后把梁和桁"剪切"合适之后，用木构架填充屋檐之间的空隙，最终把各个独立的屋顶如"缝纫"一样统一起来。

在此基础上，覆盖以五块位于方盒子房间上的规则矩形钢板和间隙空间之上的八块三角钢板。因为矩形房间的不同高度、斜度和方向，很多钢板被弯曲插入或者倾斜向两个方向。为了解决日光大厅上部的复杂部分（唯一一处由三个矩形会聚成的部分），建筑师在这里安装了天窗，这样的解决方式为整个阴影下的流线空间带来了温和的日光。

不规则的屋架系统在内部形成了曝露的天花板，在外部则是受传统的屋顶椽子(Taruki)启发所设计的规则木顶梁。整个屋顶周边是2英尺深的屋檐或者更为深远的遮阳。因为倾斜屋顶和斜面玻璃幕墙的缘故，使得幕帘和百叶窗很难悬挂在上面。

一体式的餐厅和厨房毗邻起居室。木燃烧壁炉位于宽阔风景窗前的明显位置，起到冬天取暖的作用。35英寸深、餐馆级别的不锈钢柜台限定出厨房区域。为了不遮挡视线并保证空间的流动性，两个冰箱和所有的柜子都安装在柜台以下。

幸运的是，轻井泽的夏天温和而自然通风，布置恰当的可开启窗户可以帮助调节室温。冬天，温度会急剧下降到零下5摄氏度，但混凝土地板下的电辐射加热板可以为整个住宅加热。

夜间，受益于土地的蓄热能力和日本非用电高峰期的低价电费，包裹在墙体和屋顶的隔热层里面的电热板能加热住宅下面的土地。白天，当设备费用比较高的时候，业主会因为出去工作而关闭了系统。其他的加热（必要时在起居室的火炉里面使用木材燃烧）则为整个住宅保持了恒定而舒适的温度。

根据轻井泽的气候和地形，Tsutsui设计的之间宅在不牺牲城市住宅的基础上充分利用了周边的自然环境。其矩形空间可能是在向安藤致敬，但其他连接空间不仅具有城市的秩序，更显示出其属于建筑师自己的独特形式。*Naomi R. Pollock, AIA/文 姚彦彬/译 戴春/校*

1

2

SYNOPSIS A cluster of boxes united by irregular, interstitial space, InBetween House mimics the Japanese urban condition on an architectural scale. While the rectangular volumes are like small buildings, the amorphous areas in between are akin to the narrow passageways and odd gaps that crop up almost organically in Japanese cities. A bit of an anomaly, this house is a full-time residence located in Karuizawa, a tony vacation town 95 miles northwest of Tokyo. Yet for the owners, a 40-something couple with jobs in the city, the daily commute by bullet train is a small price to pay for waking up in the country.

Inspired by the soaring karamatsu pine trees and the alpine scenery, they imagined their new house as a blend of Philip Johnson and Junzo Yoshimura. "It was kind of a contradiction," says architect Koji Tsutsui. "They wanted slanted roofs and they wanted large glass windows."

项目信息

建筑师：Koji Tsutsui Architect & Associates——Koji Tsutsui, JIA（项目负责人）；Satoshi Ohkami（项目经理）

工程师：Hirotsugu Tsuboi（结构）

顾问：Terao Denki（照明）

总承包：Sasazawa Construction

面积：1,818平方英尺左右

竣工日期：2010年10月

材料/设备供应商

窗户：WoodtecAkifu（包括绝缘玻璃、窗户、门）

护墙板：Sasazawa Construction (karamatsu松木)

屋顶：Tomasaka（钢）

五金：Sugatsune

瓷砖：Marca Corona（楼梯和浴室地板）

照明：Yamagiwa（吸顶灯）；Yamada Shomei（工作照明）；Maxray（室内环境照明）

安全系统：SECOM

1. 榻榻米客房是唯一一间2楼的卧室，用于接待客人或者来访的父母，外飘窗保证了新鲜空气和日光。

2. 瓷砖铺地的楼梯位于二层高的客人区域内，从日光大厅通向二楼。在任何可能的部位，Tsutsui都为客户安装了嵌入式的壁橱和架子，以备日后不时之需。

3. 阳光室位于其左边的主卧室和右边的浴室之间，上部是倾斜的胶合板天花以及网状的17英寸裸露梁，面向森林密集的景观，具有在此静思的功能。

瓦尔斯别墅
VILLA VALS

瑞士瓦尔斯 VALS, SWITZERLAND
SEARCH & CMA
BY BETH BROOME

在这个时代最伟大的现代建筑（指卒姆托的瓦尔斯温泉浴场）旁边盖一幢房子需要很大的勇气。不过一个建筑团队接受了这个挑战，在瑞士格劳宾登州的瓦尔斯（一个在阿尔卑斯山脚下、海拔4,100英尺、拥有1,000个居民的狭长山谷）立起了一座住宅。众所周知，14年前，瓦尔斯的居民从一个破产的开发商手中接管了一个酒店综合体，并邀请了瑞士建筑师彼得·卒姆托为这个小镇设计了一个温泉浴场。瓦尔斯温泉浴场建成于1996年，广受赞誉，成为了建筑游客的朝圣之地。

看似随机的窗户的排列表现出内部层高的变化，那些用混凝土浇筑的图案起到通风和排烟的作用。防护网起到了防止雪崩的作用。

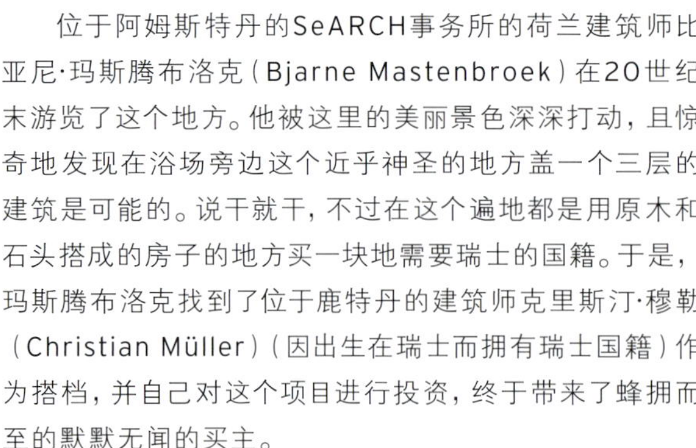

位于阿姆斯特丹的SeARCH事务所的荷兰建筑师比亚尼·玛斯腾布洛克（Bjarne Mastenbroek）在20世纪末游览了这个地方。他被这里的美丽景色深深打动，且惊奇地发现在浴场旁边这个近乎神圣的地方盖一个三层的建筑是可能的。说干就干，不过在这个遍地都是用原木和石头搭成的房子的地方买一块地需要瑞士的国籍。于是，玛斯腾布洛克找到了位于鹿特丹的建筑师克里斯汀·穆勒（Christian Müller）（因出生在瑞士而拥有瑞士国籍）作为搭档，并自己对这个项目进行投资，终于带来了蜂拥而至的默默无闻的买主。

玛斯腾布洛克和穆勒的设计特点是追求建筑与景观或城市肌理的融合。设计团队首先关注于保证贯穿山谷的视线的通透性，不仅考虑到他们的别墅，还兼顾了坐落在斜对面山腰上的浴场。他们设想的是一座嵌入地形中的建筑，拥有错综复杂如迷宫般拼合出来的室内空间。“我们知道这座建筑不会是追求完美的瑞士风格的”，玛斯腾布洛克说，这不是由于预算方面的限制，“你的建筑不能和温泉浴场（那个激进的、极简的、纯净的设计）争谁更完美”，他说，“因此，我们尝试了一种实验性，或是接近工业化的风格。我们设计了自己喜欢的一部分，然后和其他荷兰建筑师一起设计一个荷兰式的室内。”

不过，这座建筑仍然接受了一些当地的建筑传统，最鲜明的就是它的立面——由场地上回收的碎石（在温泉浴场和瓦尔斯传统住宅的屋顶上随处可见的石英岩（Valser quartzite））组成，还有对场地上残留的建筑的吸纳。场地上原有一座用木头与石头搭成的简易的谷仓，这种建筑形式在阿尔卑斯的村落中属于典型。为了保留这座谷仓，建筑范围线被重新绘制，谷仓被纳入平面中，被重新支撑起来，浇上混凝土地板和楼梯，用作了储藏室，并通过一条72英尺长的混凝土通道与主屋相连。

瑞士的建设费用相当高昂。建筑师们决定自给自足。他们将住宅出租出去。这一举动提高了它的可持续价值。这一决定也强调了他们不甘平庸的天性。“将它作为一个度假别墅，拥有一段不寻常的经历——一段与平时的日常生活中不同的经历”，玛斯腾布洛克说。采取与当地传统截然不同的设计方式还有其他好处。首先，瓦尔斯的建筑委员会（由七位当地居民组成）起初对此设计持相当怀疑的态度。“但当我们解释清楚了我们想做什么”，玛斯腾布洛克说，“为了保证对温泉浴场的视野，保证私密性，保证不破坏景观，将谷仓作为入口，他们立即理解了我们的想法，并表现得十分友好。”其次，瑞士法律中要求的现场必须使用的木模板，以及必须使用当地的石头铺成的瓦片的要求也在报批程序中被划去了。

在场地环节，当地施工团队在山坡上挖下36英尺深，浇入钢筋混凝土的挡土墙。然后，他们建造了一个简单的模板——52英尺宽、26英尺深，两层半楼那么高，并在前端用一个凹陷的墙将其围合。这样就形成了一个受围护的露台，以及一个可以自由开孔的立面。三层氦气隔音玻璃

1

1 谷仓
2 通道
3 露台
4 起居室
5 厨房/餐厅
6 卧室
7 走廊
8 盥洗室
9 设备间

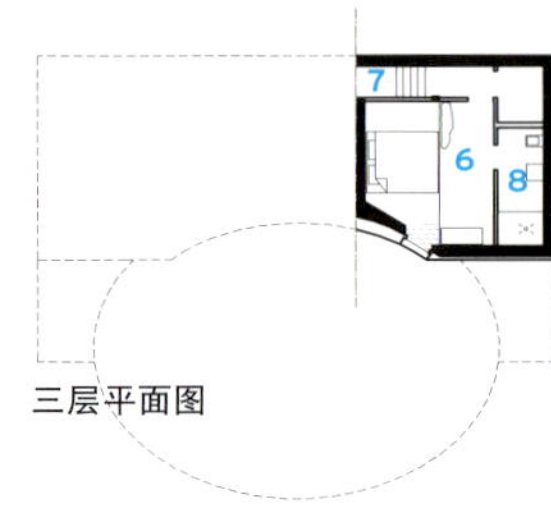

三层平面图

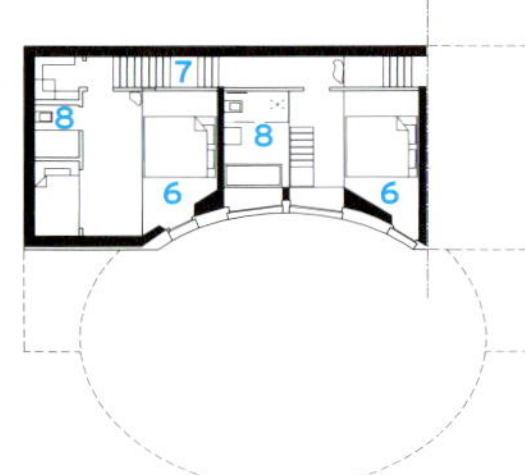

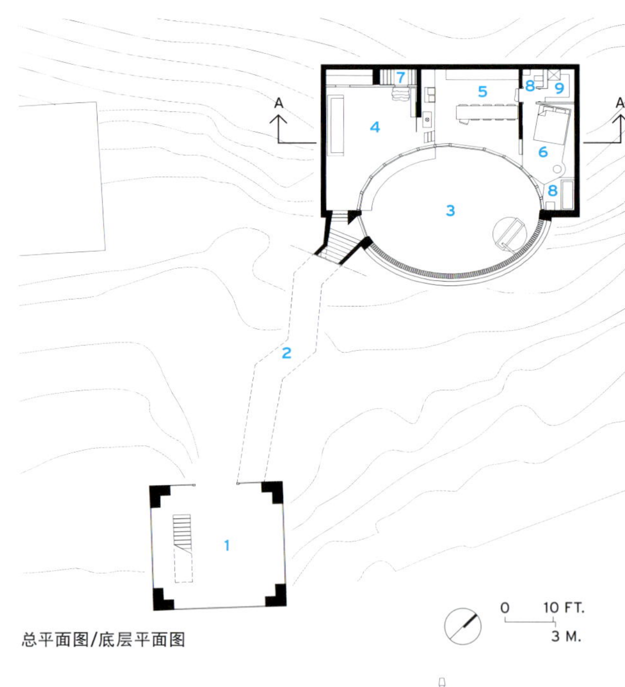

总平面图/底层平面图

A-A剖面图

1. 虽然具有很强的私密性，这座住宅位于城镇郊区一个很紧促的场地上，就在彼得·卒姆托（Peter Zumthor）的瓦尔斯温泉浴场脚下。

2. 业主们从一个传统的两层谷仓进入别墅，这个谷仓通过一条长混凝土通道与主屋相连。

3. 起居室和其他房间一样，展示了荷兰设计师设计的家具作品（访问architecturalrecord.com，点击项目作品目录可获得设计师的名字列表），比如波恩·普拉特（Bonne Plat）为此格调设计的奶瓶吊灯。

4. 主要房间向露台开敞，获得后方的山谷的景色。

5. 模板拉杆被留在了连接主屋和谷仓的72英尺长的通道的墙壁上。

2

3

4 5

1. 一条有台阶的长走廊沿挡土墙向上，连接各卧室和公共空间。
2. 一个古代日本的带抽屉的楼梯连接了一个卧室内的不同层高——床、盥洗室和窗户。
3. 顶层的卧室有一种受保护的洞穴感。
4. 位于阿姆斯特丹的JVM工作室设计了一层的纸板卧室。
对页图：在挖掘过程中，施工队发现了一口古井，于是将Valser的矿泉水引入了露台上的喷泉中——通过Floris Schoonderbeek设计的荷兰浴缸保证私密性。

项目信息

建筑师：SeARCH, Christian Müller Architects (CMA): SeARCH——Bjarne Mastenbroek (主持建筑师); Louis Toebosch, Ton Gilissen, Laura Álvarez Rodríguez, Alexandra Schmitz, Michal Palej, Daniel Abraha, Markus Wesselmann (项目小组); CMA——Christian Müller (主持建筑师); Blazej Kazmierski, David Strebicki (项目小组)
结构工程师：Alex Kilchmann
总承包商：Kurt Schnyder Bauunternehmung
顾问：A. Gartmann (木工); Lippuner (通风与取暖); Geobrugg (雪崩防护)

材料/设备供应商

窗：Walch
卫生洁具：Catalano; Duravit
管道配件：Similor Kugler; Dornbracht

的排布看似随机，但从中可以看出其想表达出内部是不同层高的混凝土盒子的概念。

室内的材料主要是混凝土，镶板和门使用橡木材料，形成温暖感作为对比。这样简约的背景为那些荷兰家具设计师的发挥提供了广阔的天地。不过，这座1,700平方英尺的住宅已被塞满，似乎适当修改一下更能突出这些家具作品的特点。一层的卧室和主要房间都向露台开敞，阳光充足；沿着挡土墙方向的走廊通向楼上的各个卧室，就像每个人自己与世隔绝的小屋。类似穴居的生活方式触动了一种特殊的感情，正如玛斯腾布洛克所说，“一种近乎原始的安全感”，同时对保温隔热也有很大效果。另外，建筑师们还采用了可持续的机械系统，比如地源热泵技术、热交换器和地暖。该住宅的能源也依靠化石燃料——从采弗莱拉（Zervreila）水库的水力发电系统产生。

SeARCH和克里斯汀·穆勒（Christian Müller）建筑事务所用一个简单的方式创新地处理了场地给他们的挑战。虽说在概念上格格不入，但事实上，瓦尔斯别墅还是抱着崇敬的态度融入了这个环境的肌理中。在现实与梦幻之间平衡的过程中，它既凸显了自己，又尊重了自然、文脉和山坡上的瓦尔斯温泉浴场。*Beth Broome/文　钱辰元/译　戴春/校*

蓝田井宇
WELL HALL

中国陕西 LANTIAN, CHINA
马达思班 MADA S.P.A.M
BY CLARE JACOBSON

在一个高层建筑飞速涌现的国度，建筑师马清运反其道而行之，实现了一个称得上是“慢建筑”的项目。正如慢食运动一样，项目借助当地材料和工匠，对当地气候和季节变迁予以回应，也将可持续性做为促进当地发展计划的一部分进行讨论。

马清运和他的上海公司马达思班已经经营了10年的“玉川酒庄”，并在这片养育他的关中平原乡间创造了一系列小尺度的构筑物。它们位于中国陕西，离蓝田人历史遗址仅一步之遥，距西安也只有30千米。马清运在当地的项目始于父亲住宅和一个改建自磨坊的酒庄与展览空间。如今，经过八年的设计与建造，他又增建了一座客舍，作为一种住宅原型，谓之“井宇”。

井宇布局源自中国代代相传的合院住宅原型。访者从南面沿走道进入建筑，来到狭长内院，便可见到使之得名的水井。由庭院可直接进入东西两边的卧室和北面的餐厨区域。再往北是一处四面围合的墙院，内有泳池。作为一座客舍，井宇遵从传统的居住模式，同时却又捕捉到了中国家庭正经历的转变。正如建筑师所说，“建筑是恒定的，家庭却是个不断变化的概念。”这座客舍可以供一大家人、一群朋友甚至陌生人居住。

马清运在此既是建筑师，也是开发商。他需同时权衡时间、材料和设计，并协调他自己和工匠们的时间安排。工匠们常年忙于务农，但冬季农闲时则有充足的时间来参与建造。井宇的砖产于临近的村子，所以根据马清运需要，它们可以被一箧箧地抬到工地，而不是从外地一车车拖来。建筑师没有采用施工图，而是直接通过速写向工匠传达他的设计意图。他从砖的尺度出发来定夺实际墙面尺寸，因为按特定数量砖块砌墙远比切断砖块去适合图纸尺寸来得合理。

井宇背后的设计策略，源自马清运对玉川熟悉的儿时记忆。但事实上，他却同时以本地人和外来者的姿态介入设计（求学西方，回国实践，同时又担任南加州大学建筑学院院长），他和玉川之间若即若离的联系，使他能够不拘泥于形式，重新审视“井宇”的内在气质，“在传统中背离传统”。

可以说，马清运是依本地人的习性处理井宇的外部，又以外来者的眼光打点井宇内部。外部的砖墙灰瓦是这一带的

对页图：进入两边睡房的入口庭院。

1. 建筑坐落于一处中国乡间，重新诠释了传统建造形式

2. 位于建筑北边庭院的泳池。

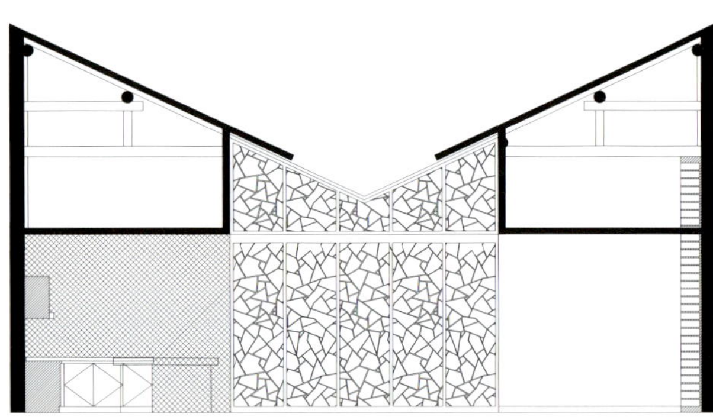
A-A剖面图

1 入口前院
2 客房套间
3 起居/餐厅
4 泳池
5 睡房

2

1

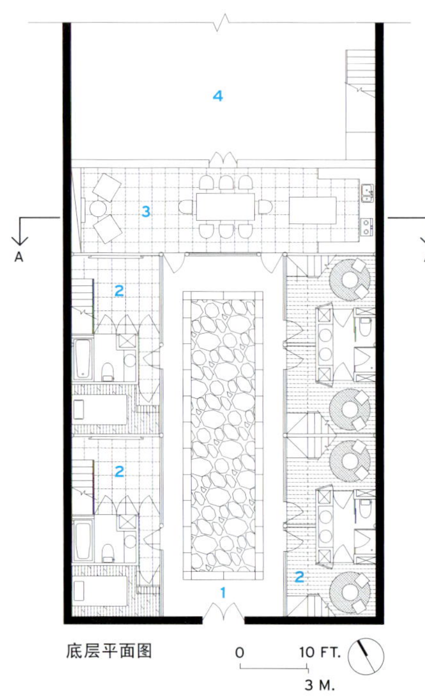

底层平面图

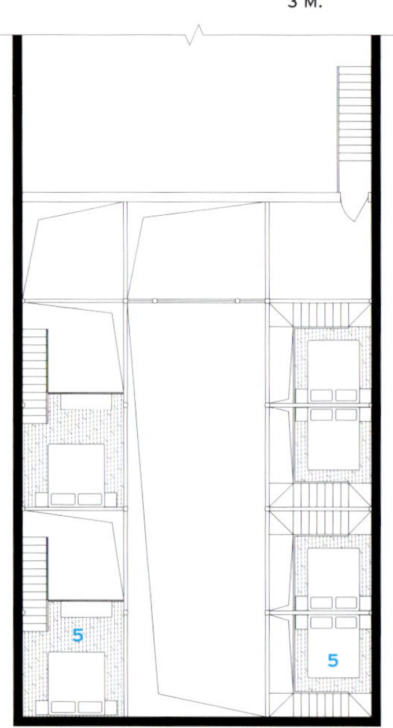
二层平面图

典型做法。高耸的石墙和M形屋顶能将雨水收集到井内，同时威慑附近山中出没的梁上君子。M形构筑还能以两根短梁代替一根长梁，是贫困地区的一种经济做法。当然，井宇的砖墙并未复制邻近建筑的一般砌法。建筑师让泥瓦匠交替使用灰砖和红砖，在立面创造了一种独特的对角肌理。

内部则反映了马清运受到的西方影响。例如他在睡房增加了夹层空间，而且运用了一些玉川人并不熟悉的元素，包括玻璃天窗、成角墙框、玻璃与金属材质的扶手等等。他还在一些墙面和地表镶嵌了产自附近矿区的蓝田矿石（价格不菲的蓝田玉正是取自这些矿石），通常它们在蓝田玉被提取后都被废弃于产地。

马清运在井宇中处处实现了新旧艺术的对话。他在当地收集了磨石和路桩来塑造场地景观，并用传统瓦作和一根刻有"井宇"二字的过梁来装饰建筑入口。在卧室中，他放置了古董家具，又配以现代图案的柜子。在洗手间里，他从附近的河里捞起大块石头，打磨成特制的台盆。

马清运希望玉川酒庄能促进当地的可持续经济发展，并为当地人创造建筑施工、葡萄种植和酿酒等更多就业机会。当然，酿酒对玉川来说还是一件新鲜事。"这是继蓝田人之后头一回有人在这儿酿酒"，建筑师开玩笑道。但酒庄生意又和陕西的农业渊源关联紧密，并不完全算是"外来户"。他还计划实现更多的建筑项目，但从井宇的建造步调来看，要看到那些项目建成恐怕还需时日。在玉川之外的土地上，快节奏的开发建设仍将不断为中国带来非同凡响（同时光怪陆离）的建筑。井宇则在证明，有的时候"慢"才意味着好品质。*Clare Jacobson/文 何柳/译 戴春/校*

SYNOPSIS In a country where high-rise development happens at high speed, architect Qingyun Ma is taking the opposite approach on a project you might describe as slow building. Like the slow-food movement, it employs local materials and workers, responds to climatic and seasonal conditions, and addresses issues of sustainability as part of an orchestrated plan to benefit its community. Ma and his Shanghai-based firm, MADA s.p.a.m., have been working on the development, Jade Valley Wine & Resort, for 10 years, creating a series of small structures in a rural part of central China where he grew up.

项目信息

建筑师：MADA s.p.a.m.——马清运（主持建筑师）
总承包：由Qingcai Zhang和Jingtan Zhou带领的当地工匠

材料/设备供应商

所有材料：在当地生产并供应

3

4

1. 通过交替使用红砖和灰砖，马清运将当地材料用出新鲜感。

2. 在睡房中，建筑师混合使用新旧装饰。

最上图：传统瓦屋面和木构对应着乡土建造方法，同时两层的客房套间将建筑带入全球化时代。

3. 起居和餐厅分隔南北庭院。

4. 洗手间的台盆是从当地河流中捞起的石头打磨而成。

X计划
PROJECT X

荷兰阿尔梅勒 ALMERE, THE NETHERLANDS
瑞内·范·祖可 RENÉ VAN ZUUK
BY JANE F. KOLLEENY

荷兰最拥挤的区域被称作"任仕达(Randstad)"或"城市群",包括阿姆斯特丹、鹿特丹、海牙和所有位于它们之间的地方。这片区域饱受人口压力的折磨,住房不断地在开发。任仕达中也包括像阿尔梅勒这样通过填海造就的新城市。旨在提升这个自然环境更美好、生活成本更低的地方的关注度。1993年,市政府留出10块地块,举行了一个名为"幻想"的实验性住宅竞赛。一个名为瑞内·范·祖可(René Van Zuuk)的无名荷兰建筑师以他的作品波西卡(Psyche)别墅胜出。这是他的处女作,被建在其中一个地块上。虽然为数不多,但瑞内·范·祖可的设计都十分具有震撼力,且特点多样[《Architectural Record》2002年12

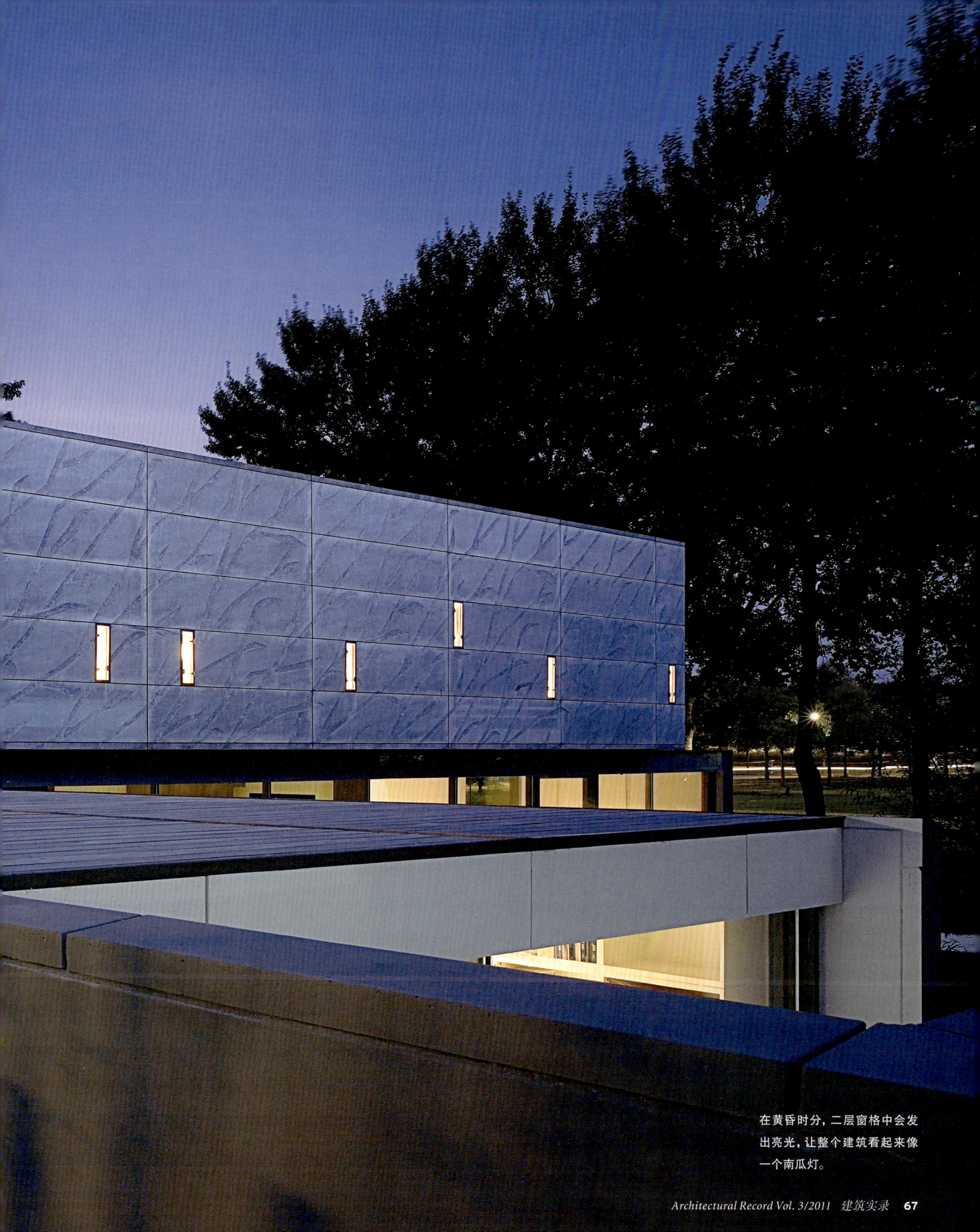

在黄昏时分，二层窗格中会发出亮光，让整个建筑看起来像一个南瓜灯。

1

3

1 入口
2 后院
3 大厅
4 起居室
5 餐厅
6 厨房
7 配餐室
8 工作室
9 储藏室
10 卧室
11 盥洗室
12 室外

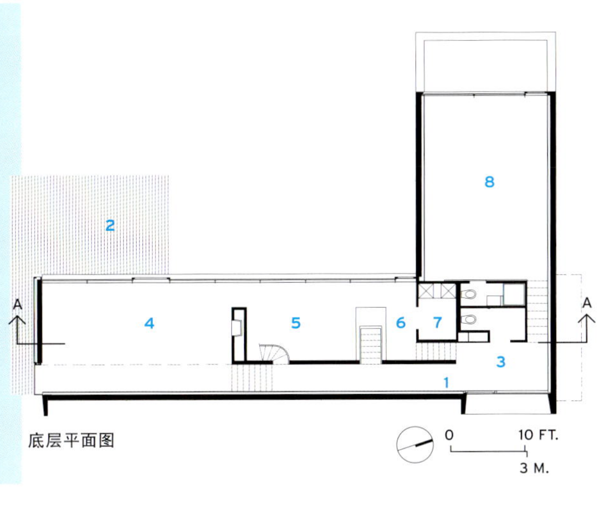

底层平面图

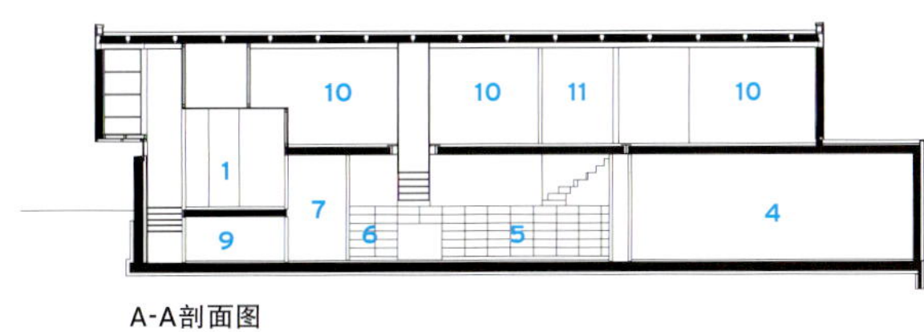
A-A剖面图

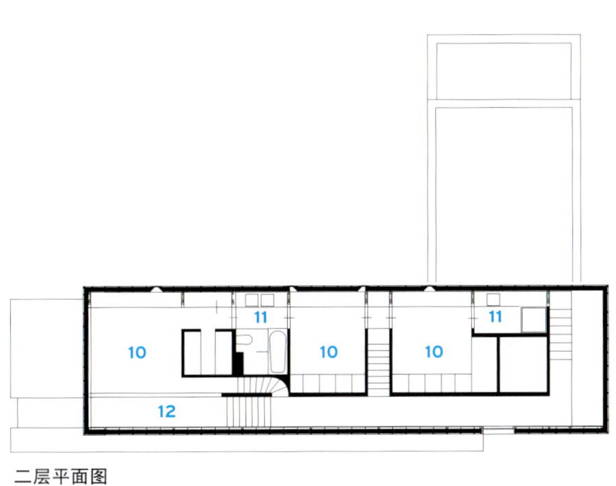
二层平面图

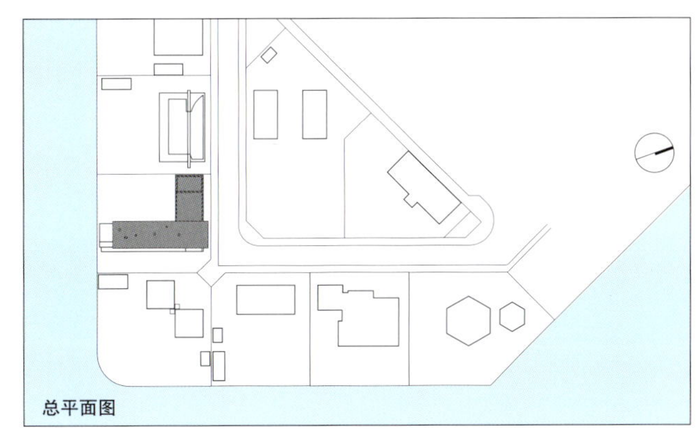
总平面图

月，第102页］。他的作品包括2003年建成的位于中央车站后的海港上的阿姆斯特丹建筑中心（ARCAM），设计的表达恰如其分。

建筑师本人在波西卡别墅住了数年，直到家庭人口增多，再加上旁边有一块闲置的地块，使他想建一个新的住宅，取名为X计划。这座面积2,300平方英尺的住宅于2009年建成，与波西卡别墅相得益彰，并在运河沿岸形成了一个小花园。住宅内包含三个卧室，且有错层。底层为办公区，主要楼层上包括起居室、厨房和餐厅，卧室位于顶层。餐厅、厨房、起居室位于一侧，大玻璃窗正对着运河，窗外就是一块平台和一个花园，提供良好的视野和充足的阳光。在顶层的卧室区，使用的是狭窄的玻璃槽，以调节眩光，保证了对周围建筑的私密性，且保持了体量的完整性。两条带楼梯的长走廊（一条从入口向上，一条从主要楼层通往房屋后部）提供了通风。走廊的墙和地板使用的是廉价的橡木（这是建筑师的原则：低预算和使用自然材料）。该住宅容纳了范·祖可一家四口，而他原来的住宅Psyche别墅则用作他的办公室。

虽然范·祖可在设计时考虑了两座建筑的整体效果，但X计划却和波西卡别墅一点也不像。“我们不想造一个喧宾夺主的建筑。X计划必须作为一个背景存在”，他解释道。

然而，这座由两个直角体量咬合而成的新建筑却十分夺人眼球。二层处的一个通透的体量悬挂在一个一面通透而另一面封闭的体量上。

范·祖可的设计像解数学题一样展开。当他在埃因霍温技术大学学习建筑生产工程学时，他对创造性制造系统和批量生产产生了兴趣。在这个项目中，他试验了新的材料和工艺，在二层的立面上使用了纤维水泥面板，且用蚀刻工艺在面板的表面雕刻了一片连续的新艺术风格的树枝的形状。“在我年轻的时候，当我在做数学老师M·C·艾舍（M.C.Esche）的作业时，我总是想将他的理念用到一个项目中，即一个连续的图案环绕建筑一圈，没人能分辨哪儿是头哪儿是尾。”范·祖可说。在X计划中，设计团队用工程木做模板，将树枝状的凹槽手工镶入面板中。模板表现得很真实，在总长50米（164英尺）的立面上重复了10次。

树枝还延伸到角落中和方形体量的下方，形成完美的对称。范·祖可特别选定了立面的纤维石膏材料，然后打磨。重复图案的整体效果减弱了建筑体量的呆板感，将人工的设计与自然相连，形成了这座住宅显著的特征。

在任仕达建造的任何建筑都必须考虑该地区的密度、面积和亲水性的限制。仅看照片，你不会猜到X计划是一个

1. 入口包括一个通高的玻璃门。房屋的正面和西侧排布着天窗。与道路平行处有一道挡土墙。

2. 范·祖可的儿子阿特（Art）在入口通往起居室和运河的走廊楼梯上。

3. 起居室通高的窗户提供了运河和后面公园的视野。

4. 在充满光线的餐厅和就餐区，可以从天花下看到上层楼梯下缘的铅制覆面。

本页图：一条长走廊贯穿整个二层。

对页图：X计划的旁边是已经存在17年的波西卡别墅，这是建筑师在设计竞赛中设计的自宅。这座建筑现在作为他自己的工作室。他们一起，以及一个花园和平台共同在运河沿岸组成了一个综合体。

不仅体量小而且被紧紧限制在16,000平方英尺的场地上的建筑。照片中的建筑看上去很宽敞，而且看起来在乡村中。项目组通过使用廉价材料和改变建造策略来控制造价。在他自己的工作/生活区，范·祖可将阿尔弥勒的环境对建筑的限制转化为设计的灵感。*Jane F. Kolleeny/文　钱辰元/译　戴春/校*

SYNOPSIS In the new town of Almere – which was built on land reclaimed from the sea – architect René Van Zuuk designed a house and studio for his family and firm next to Villa Psyche, the house that he had lived in for more than a decade and that had helped make him famous. Called Project X, the new house is a 2,300-square-foot residence that complements the earlier one and completes a small garden compound along a canal. The three-bedroom, split-level residence features an office studio on the lower level; living room and kitchen and dining area on the main level; and bedrooms upstairs. Van Zuuk used the project to experiment with new materials and processes, employing fiber-cement board panels on the facade of the second-floor volume, and etching a repeating Art Nouveau tree-branch shape into the panels' surface.

项目信息

建筑师：René Van Zuuk Architekten

结构工程师：Leon Mevis—Constructie bureau van de Laar

材料/设备供应商

墙体：Rockwool; Alvon; Rigips; Calduran; Cembonit

地板：Unidek

屋面：Dow Corning; Hertalan

通风：Stork

管道：Duravit

皮特曼-道威尔住宅
PITTMAN DOWELL RESIDENCE

美国加利福尼亚州 LA CRESCENTA, CALIFORNIA

迈克尔·莫尔赞建筑事务所

MICHAEL MALTZAN ARCHITECTURE

BY CLIFFORD A. PEARSON

“作为同性伴侣，我们感觉到在传统意义上被称作居住空间的东西对我们并不适合”，拉里·皮特曼（Lari Pittman）这样认为。他与他的搭档罗伊·多维尔（Roy Dowell）一同向美国建筑师协会会员迈克尔·莫尔赞（Michael Maltzan）提出挑战，要求他探索另一派非传统关系的建筑学。例如，他们希望房间之间没有门和隔墙，并要求莫尔赞“打破并解除像常见的居住空间中那样的层级秩序”，以重新思考关于隐私的习俗。

皮特曼和多维尔，两人都是受人尊重的画家和教师，住在洛杉矶北部边境上1200平方英尺、由理查德·纽特拉（Richard Neutra）设计的住宅中，现在他们需要更多空间。纽特拉为他的秘书桃乐茜·塞鲁尼克（Dorothy Serulnic）和她的丈夫乔治（George Serulnic）设计、并于1952年建造的住宅尽管很小，但坐落在一块六英亩的土地上。纽特拉的计划将土地细分为三个小块。自从1997年购得整个产权以来，皮特曼和多维尔在第二个地块上建起了一座小房子和仙人掌花园，让基地上的不同地块协同运作。因此，他们没有在第三个地块上建一座大型住宅然后将塞鲁尼克住宅当成客房，而是着手修建一座新的建筑，作为在一个更大的总体中构成的一部分。

莫尔赞回应的设计初看起来与纽特拉的设计相冲突，它是内敛、不透明的而不是开放、透明的，是多边形的而非直角

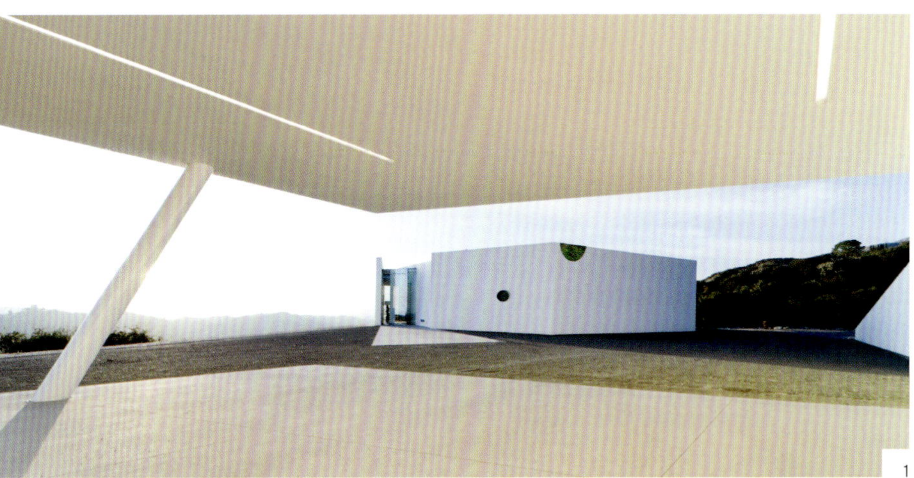

1

2

3

的。但是，当你对这栋房子有了更多了解，你就越能够看出它是如何拾起纽特拉的理念进而为这些理念重新定位的。当莫尔赞成竹在胸地将对比用作新旧关联的手段时，他的策略就已经比简单地与纽特拉反着来显得更加老练了。

“新房子必须配合整个环境，而不仅仅是纽特拉的设计”，莫尔赞解释说。一条车道在这块地盘绕而上，到达顶部既存的住宅，由此，他利用这个序列式元素制造出非对称的、螺旋式的几何形，将新的建筑和仙人掌花园以及老住宅连接起来。为了锚固这些动态的构成，建筑师将一些特定的元素（像是一个内置的庭院和一个主人浴室的椭圆形天窗）都聚焦到纽特拉的住宅后院一棵壮观的石松上。而且，既然老住宅俯视着它新的同胞，莫尔赞就把他的建筑的屋顶当做另一个立面来设计，使得它可以清楚地显示出内部的平面布局。

纽特拉将他的房屋空间分层，引导着来访者从一个相对封闭的入口来到开阔的、直接与后院相连的起居室，在那里可以俯瞰山谷和下面的城市。而莫尔赞重新诠释了空间分层的概念，不过是以一种风车的形式，每个房间都开向下一间，将锯齿状的庭院围在中间。他的设计引着来访者走上一条螺旋式旅程，以领略整座住宅内部庭院和外部山谷的绚丽景观，而不是展开一条线性的行进路径。建筑师说：“我

对页图：**从塞鲁尼克住宅的方向来看，新建筑的屋顶像另一张立面，清楚地显示出内部的平面布局。**

1. 停车场的顶篷强调了新建筑的“他者性”，从这个方向看去，新建筑几乎空白的表面创造了一种神秘的灵韵。

2. 1952年建造的塞鲁尼克住宅坐落在比它的新同胞高出30英尺的山上。

3. 莫尔赞特制的部分镜面的玻璃正门（如照片中展示）和后门，这样建筑将周边环境“穿着”在它的表面上。（照片中右边的女人是门上的反影，而左边的男人位于住宅内部的阳台上。）

1

2

总平面图/底层平面图

1 起居室
2 餐厅
3 厨房
4 办公室
5 书房
6 卧室
7 浴室
8 庭院
9 车棚
10 塞鲁尼克住宅

把这所房屋视为一架透视机器，以产生贯穿整个建筑的视线。”确实，这所房屋给来访者带来一种近乎电影的体验，它架起一系列镜头，既包括室外的，也包括室内的，并且提供了许多出人意料的时刻——比如穿过浴室里椭圆形天窗看到石松的景象，以及书房的一堵墙在参观者转身进入卧室时显现出刀片一般锋利的边缘。

莫尔赞通过对这个七边形结构切分和解析为一连串三角形和多边形，创造出一种挑战传统家具秩序的几何形。在走进建筑的即刻就会看见前方的起居室以及一侧的主人浴室。从起居室可以上一级台阶到达中心庭院，或者走出室内来到另一侧有覆盖的阳台，俯瞰山谷景观。庭院另一侧的卧室通过落地玻璃窗（尽管也会投下阴影）面向起居室。一间紧凑的厨房利用了书房和餐厅之间的狭缝空间。实际上，塞鲁尼克住宅在很大程度上就已经打破了很多规则，皮特曼认为在其中居住多年已经“使我们受到了刺激。”

新的住宅建在一块混凝土板上，钢结构和层叠的木材建造的梁都被隐藏起来，整座建筑造价150万美元。传统的结构和简单的材料（内部的抹灰墙面、庭院中的混凝土铺装以及斯堪的纳维亚橡木板）降低了造价。尽管在这个项目中，绿色设计技术并不是主角，但莫尔赞还是严谨地为住宅选择朝向，以捕捉当地的主导风向，他还使用了特制的双层防紫外线的玻璃以减少热辐射。

从图面上看，莫尔赞的设计有着夸张的数学表达，像是对纽特拉的设计的一种怪异的回应。但是以我个人观点而言，它异乎寻常地舒适——充足的日照造成的外向性超乎人们的想象，比它给人们的第一印象更加符合加州现代建筑的传统。对于众多改变住居常态的概念来说，这座住宅有种平易近人的魅力，适合各种类型的人。莫尔赞和他的妻子带着两个孩子一起生活在1920年代的平房中，他从未给自己设计过住宅，他说这是他在设计生涯中第一次能够在一个项目中对于居住问题全神贯注。*Clifford A. Pearson/文 周伊幸/译 周渐佳/校*

1. 莫尔赞将浴室处理成一组雕塑体，没有门将它与其他空间分隔开。

2. 当参观者转身进入卧室时，书房的墙体显现出刀锋状的边缘。

3. 人们从起居室可以上一级台阶到达中心庭院，或者走出室内来到另一侧的阳台。

4. 尺度狭窄的庭院将视线引向塞鲁尼克住宅附近的一棵石松。

左图：书房的一侧可以观看庭院，而另一侧提供石松和山体的景观视野。

项目信息

建筑师：Michael Maltzan Architecture——Michael Maltzan, FAIA, Tim Williams, Steven Hsun Lee, Hiroshi Tokumaru, Will Carson, David Freeland, Nadine Quimbach, Christopher Norman, Yan Wang, Tal Schori, Stacie Escario (项目小组)

工程师：B.W. Smith (结构); The J Byer Group (场地技术)

总承包商：Asterisk Builders

材料/设备供应商

玻璃：Solar Ban

天窗：Glas Pro

浴室瓷砖：Ann Sacks Paris, Penny Round

氛围照明：Selux

伍德斯托克农场
WOODSTOCK FARM

美国佛蒙特州 WOODSTOCK, VERMONT
里克·乔伊建筑师事务所 RICK JOY ARCHITECTS
BY SUZANNE STEPHENS

“我可不想别人叫我‘夯土哥’”，里克·乔伊（Rick Joy）说。乔伊指的是他于20世纪90年代在图森周围开始建造的那些样貌低矮、墙体厚重的住宅作品（包括他自己的事务所）。夯土的做法适合那些干燥炎热的环境——这捣实土，一点点水泥和水的混合物与沙漠的景观完美地融合，同时为户主提供天然的冬暖夏凉。但乔伊讨厌模式化，在亚利桑那州的工业棚屋的启发下，他仍然在探索薄金属板的做法，见于他那个生锈的方盒子作品——沙漠游牧者住宅［《Architectural Record》2005年4月，第146页］。

然而，乔伊在佛蒙特州的伍德斯托克完成了这座石头房子兼谷仓后，他的称谓恐怕要变成“山墙哥”了。根据委托的要求，乔伊的任务在格林山脉中的一个风景如画的小镇里设计一座3,890平方英尺，拥有4个卧室的住宅和一个5,625平方英尺的谷仓——这里的风土人情与东北部乡村的截然不同。事实上，如果考虑到乔伊是在缅因州长大的，他的转变并不奇怪。在去亚利桑那大学学习建筑之前，他在缅因州的大学学习音乐，然后当了一阵子木匠。

里克·乔伊将这152英尺长的房子和两层高的谷仓朝向一片在佛蒙特州的格林山脉的210英亩农田中的温泉附近的空地。

1

2

3

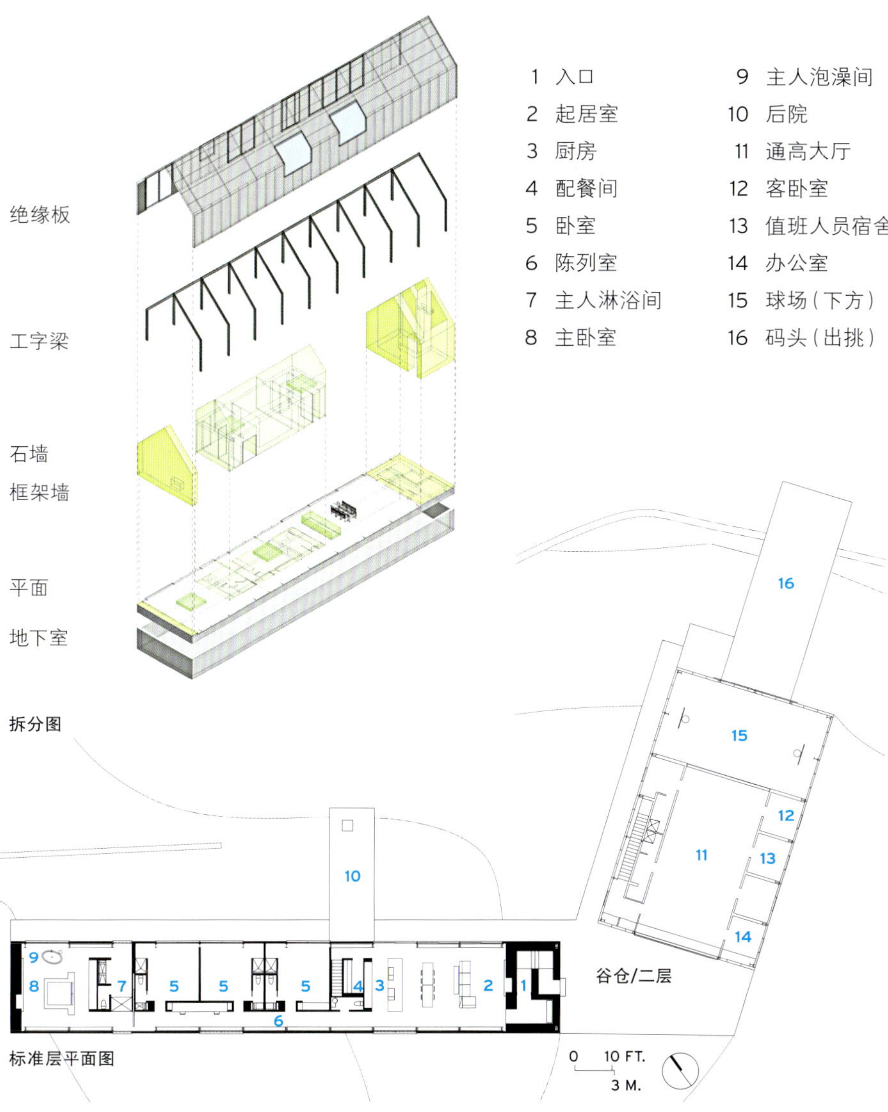

乔伊的业主保罗·帕兰德吉安（Paul Palandjian）是一个年轻的波士顿地产投资商，他对艺术具有强烈的兴趣，他在他的藏书中寻找能设计他的210英亩地的建筑师。当他看到乔伊的作品时，帕兰德吉安立即被他的创造力所吸引了。他想看看乔伊如何将他的才能发挥在一个新英格兰式的景观上。乔伊坦言，“我脑中并没有一个完整的外形。”但那个山墙呢？采用一个双坡顶而不是平屋顶或单坡顶会被诸多现代主义建筑师认为是异端。乔伊只是说，“这就是我想做的事。”

起初，帕兰德吉安想将这个新房子放在山顶上，这样他就能俯瞰周围的森林草原了。但乔伊认为将它放在泉水边，靠近路的地方更适合安排家庭活动，而且冬天冰天雪地时还能尽快赶回家。一个小的茅舍将被拆除，让位于这个新的、更大的结构。乔伊在两侧墙体和屋顶用大片的石头墙和杉木覆层优美地将建筑延伸出去，再加上那杉木覆盖的谷仓，使总体效果看起来它似乎很久以前就一直在那儿。

只有当你走近仔细观察重要的节点时，你才会注意到现代主义的痕迹。例如，它没有屋檐，“没有屋檐，冬天就不会结冰柱”，乔伊说，因为温暖的屋面上的回流水在屋檐上会

1. 乔伊将入口设在东北角的石墙上，靠近谷仓（内有停车场）和一片停车区域。

2. 入口进入是一个被石墙包围的门廊，引向起居室。

3. 起居室内，壁炉被放置在门廊的第二层石墙内。

下图：尚普兰湖（Lake Champlain）中的基岩堆成了房子尽端的墙体。杉木板做的墙中嵌入的窗户延伸到木瓦盖的屋面上，提供天光。

1. **白色云杉木板覆盖的地板、墙和天花。吊灯由印戈·毛瑞尔（Ingo Maurer）设计，餐桌由让·努维尔（Jean Nouvel）设计。**

对页图：**包含壁炉的石墙将位于北端的主卧室（包括一个独立的·洗浴间）围合。**

3. **在主浴室中，窗户和天光增强了空间感。这个主浴室的墙面采用了打蜡的纸面石膏板和瓷砖两种材料。**

形成冰墙。“有时你必须重新思考传统的建造细节”，他说。因此，乔伊还将主入口设置在屋子尽端的石头处，而不是在长边上，这样冬天屋面上的积雪就不会掉在进屋子的人的头上了。其他“当代式”的“矫正”的地方还有一扇4英尺宽、6英尺高的窗，一直延伸到屋顶上变为一块长10英尺的天窗，将屋外的景色尽收其中。

乔伊将房子的平面形容为是“长条面包”。从石墙的入口进入，映入眼帘的是起居、就餐区和厨房，接着是儿童卧室，最后，在另一块石墙处，是主卧室。石墙由从尚普兰湖中挖出的基岩和嵌入式的砂浆砌成，在入口处重复，围合出一个门厅。

在设计这座长152英尺的房子的结构时，Joy选择了12英尺的挠曲钢筋的梁柱结构（post-and-beam steel bents）放在中部，使层高可达22英尺，并可以按需求设置洞口。在钢筋之间放置外面是杉木，里面是云杉木的绝缘板［structural insulated panels（SIPs）］。钢骨架和木板都是预制的，因此降低了造价，并且让这座房子仅花费13个月就建成了，帕兰德吉安说。（然而，那些板材的精确对位对施工精度要求甚高。）

这座修长而低矮的房子在地下室还配有一个综合性的冰面地板用于室内冰球训练，谷仓也承担这个运动型的家庭的部分体育锻炼的功能。乔伊将建筑与谷仓呈一定角度放置。除了车库、储藏室和二楼的会客室以外，乔伊还是设计了一个室内篮球场，它和室外篮球场是相通的。再向外是一个水池，目前已被扩宽，并安上了一个和谷仓相连的平台。为了节约能源，设计团队尝试安装了一个小型水力发电机来使这个水池成为一个能量来源，并且作为已经存在的地热系统的补充。

帕兰德吉安喜欢这个环境的纯净感——仿佛回到了儿童时代的夏天。一些现代主义建筑师或许仍然能从这个作品的双坡顶中找到20世纪七八十年代的一些住宅的影子，当时后现代主义建筑师对双坡顶的崇拜达到疯狂的地步。但乔伊（还有先锋建筑师赫尔佐格和德梅隆和藤本壮介）已经不把双坡顶看作是一种落后的形式了。讽刺的是，如此简单的一个形式现在被看做是一个打破现代主义的宣言，而现代主义仍然存在于细节中。*Suzanne Stephens/文　钱辰元/译　戴春/校*

3

项目信息

建筑师：Rick Joy Architects——Rick Joy（主持建筑师）；Dale Rush（项目建筑师）；Nicolas Norero, Madeline Gradillas, Philipp Neher, Claudia Valent（项目小组）

工程师：Harris Engineering（结构）

顾问：Michael Boucher（景观建筑）；Kai Piippo Ljusarkitektur P+O（照明）

总承包商：Colby & Tobiason

材料/设备供应商

挠曲钢筋：Barker Steel

绝缘板：FOARD

移门：Duratherm

杉木板瓦：Bethel Mills

灯具：Lutron (Homeworks)

1

2

3

树屋
TREE HOUSE

日本东京 TOKYO

富士山建筑事务所 MOUNT FUJI ARCHITECTS

BY NAOMI R. POLLOCK, AIA

富士山建筑事务所[《Architectural Record》2009年12月，第60页]受到树枝遮蔽下落英缤纷的神秘空间的启发，设计了树屋。这个小屋围绕一根直径四英尺且支撑着科技木（engineered wood）框架（也就是“树枝”）的柱子旋转。这些“树枝”呈辐射状向外延伸，并支撑着螺旋状的屋顶。树干状的柱子将这个淳朴的只有一个房间的居住单元深深地扎根在土地里。

维持与土地的联系是客户——一对爱好园艺的夫妇提出的最重要的要求。然而，位于东京郊区的旗状的基地并不适合种植植物——在四周现存建筑的遮挡下，“旗面”的部分没有充足的空间和阳光，而插在道路中的“旗杆”的部分更不能起多大作用，因为它必须作为消防车道。但是，这个远离马路中的尘嚣的1,744平方英尺的空间吸引了建筑师，他们将它黑暗、狭窄的现状看作一个创造的机遇。“通常，我们将房子放在北侧，将花园放在南侧”，富士山建筑事务所的主持建筑师原田真宏（Masahiro Harada）解释道，“但那样的排布方式在旗杆状的地形上并不可行。”于是，他和他的工作伙伴（也是他的妻子），原田麻鱼（Mao Harada）沿着基地的南部边缘保留了一条带状

对页图：**四大主要功能区沿着直径四英尺的中柱（或树干）盘旋上升，并伸出一个小的室外平台。**

1. 通过一个室外楼梯可以上到屋顶。一个天窗位于屋顶的高差处。

2. 入口和厨房处的混凝土地面在抬高的餐厅、起居室、卧室处变为木地板。

3. 通高的开放式书柜，有些的背板被窄窗替代，有些兼作为侧向承重的构件。它们站成一排构成房子的内墙。

空间，形成了一个谦逊的室外平台，并保存了一棵现有的柿子树。然后，他们将大部分的室外空间集中在可上人的屋面上。这个策略在屋顶上形成一个种植园，并容纳了最大部分的生活空间。

基地从“旗杆”的中间到“旗面”的背面呈5英尺的缓坡。建筑师们顺着它设计了一个层叠状的、具有传统意味的平面。从正对着入户道路的正门开始的“田”字型的平面向历史上的“田”字布局（ta no ji布局）致敬。平面由象征着顶梁柱（daikokubashira）的中柱分为四部分。每部分的层高提升8英寸，绕着中心盘旋上升，分别对应着住宅的四大功能：烹饪、饮食、起居和就寝。使用较频繁的入口和厨房部分的地面材质是混凝土（传统的“土间”部分，通常由压实土组成）。在磨损的影响不是很大的更高的区域，地面材质变为橡木。一个二层的阁楼书房位于盥洗间和储藏室（唯一的两个有门的区域）之上。

在室内，中柱的位置和围绕其盘旋上升的地面区分了各空间的物理属性。中柱并非被安置在正中间，以服从功能和结构的需要。中柱的中心是一个通常用作混凝土模板的空心纸筒。

结构使用单板层积材的梁，用隐藏的钢钉相连。整个建筑在外表面拥有32根直线框架。虽然它们间距相同，但因为长短不一，从而构成了该建筑楔形的外形，且在高度上支撑着倾斜的屋顶。在许多地方，框架紧贴着未经装饰的木墙，支撑着对外开敞的架子，其中的一些还兼作侧面的结构。“我们一般使用笛卡尔坐标的结构网格，但这套系统对付地震更有效，因为它能抵抗多个方向的力”，原田（Harada）解释道。

在屋顶开始上升处，一个可开启的天窗填补了最高处与最低处框架间的空隙。用建筑师的话说，从里面看，屋顶概念性地连接了室内外空间。经由一个室外踏步和室内爬梯到达天窗前的狭窄的阁楼，这段围绕中柱形成的连续开放的曲面将北侧的种植园也包含在其中。

中柱同时也充当了烟囱的角色。柱中，一根被泡沫绝热保护的落水管将雨水引入一个地下的排水管。整个屋面和中柱的顶端由聚氨酯覆盖，形成平滑、密闭且防水的表面。橡胶涂层呈液体状，不仅能封闭所有的节点，而且易于适应这个复杂的外形。

和屋面一样，大部分外墙都涂有磨砂涂料，其粗糙的质感令人想起砂岩的感觉。然而，内部与外部在建筑表达上显得截然不同。建筑使用了中性的棕褐色以静静地呼应周边的环境，但这个谦逊的外表内却包裹着一个充满活力的室内。传统木构日式建筑或许能引入自然，而树屋却直接赋予自然建筑的形式。*Naomi R. Pollock, AIA/文 钱辰元/译 戴春/校*

Naomi R. Pollock, AIA, 是《建筑实录》杂志位于东京的特派国际通讯记者。

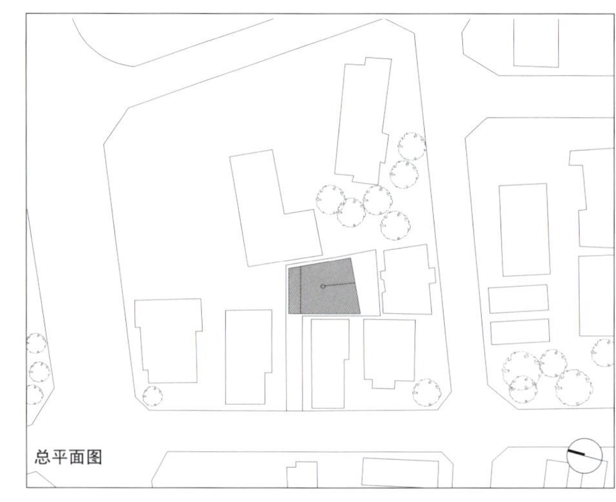
总平面图

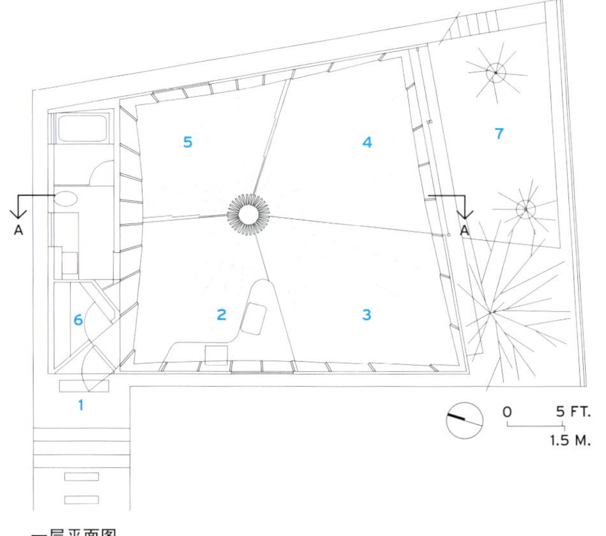

一层平面图

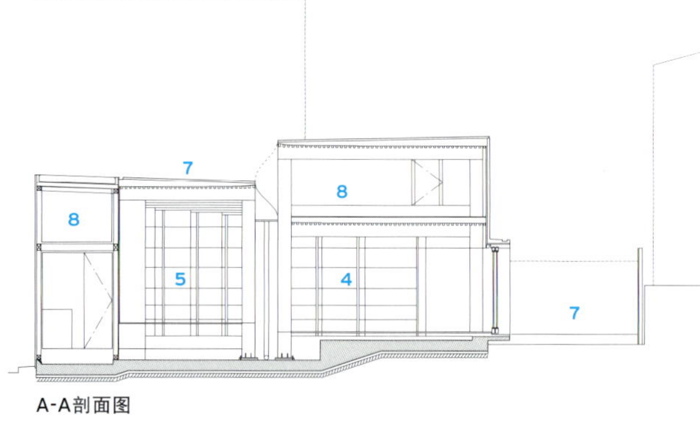
A-A剖面图

1 入口
2 厨房/土间
3 就餐区
4 起居室
5 卧室
6 储藏室
7 后院
8 阁楼

摄影：© SHINKENCHIKU-SHA（右图）

上图：房子倾斜的入口位于道路中间向内延伸的一条狭窄的小径上。

左图：玻璃移门和可开启的天窗提供自然通风，并分别通向低处的室外平台和屋顶花园。

项目信息

建筑师：Masahiro Harada + MAO/ Mount Fuji Architects Studio——Masahiro Harada, Mao Harada (主持建筑师)

总建筑师：Naoto Ishii

结构工程师：Jun Sato

承包商：Shin-ei

材料 / 设备供应商

覆层：FujikawaKenzai Kogyo (砂浆); Daito Giken (涂料)

屋顶：AGC (防水覆膜)

单板层积材：Key Tec (柱/梁)

地面：Muku Flooring (橡木)

中纤板：Hokushin (墙体)

窗：Kyoka (钢); Tostem (铝)

玻璃：Nippon Sheet Glass Company

山舍
MOUNTAIN HOUSE

美国加利福尼亚州 CALIFORNIA
犬吠工作室 ATELIER BOW-WOW
BY JOSEPHINE MINUTILLO

犬吠工作室（Atelier Bow-Wow）在过去的10年中凭借其一系列精巧的住宅设计获得了广泛声誉。在许多情况下，东京市内的狭长用地决定着建筑的尺度。在他们的首个美国项目中，反映了日本建筑师有了广阔的呼吸空间。基地位于内华达山沿线“矿脉（Mother Lode）”境内的一片裸露荒芜的土地，它一直在提醒人们150年前的金矿开采对环境所带来的灾难性影响。为了尽可能少地影响这片尚未恢复的场地，犬吠工作室设计了一座和它的日本居者尺度相宜的周末度假屋，但通过一个非凡的元素将优美的景观纳入其中。

角度独特的屋顶如雨伞一般浮于这座115平方米（1,240平方英尺）的木屋上方，遮盖着一个面积和重要性都等同于室内空间的露台。露台最早的构思是一个半封闭的冥想空间，但它最终被完全打开，将包括泳池在内的场地全景清晰呈现。“最早的设计非常漂亮”，在洛杉矶从事电影导演工作的户主回忆道。他最初是通过频繁的赴日旅行和拍摄了犬吠工作室许多建成作品的朋友崇本间（Takashi Homma）接触到工作室作品的。“但我并不想要太尖锐或是太时髦的东西，就跟UFO在山头着陆似的。我想要一艘拖船，而不是一艘太空船。”

本跨页图：液压金矿的尾矿构成了山居所在的荒芜景观。

1

2

底层平面图

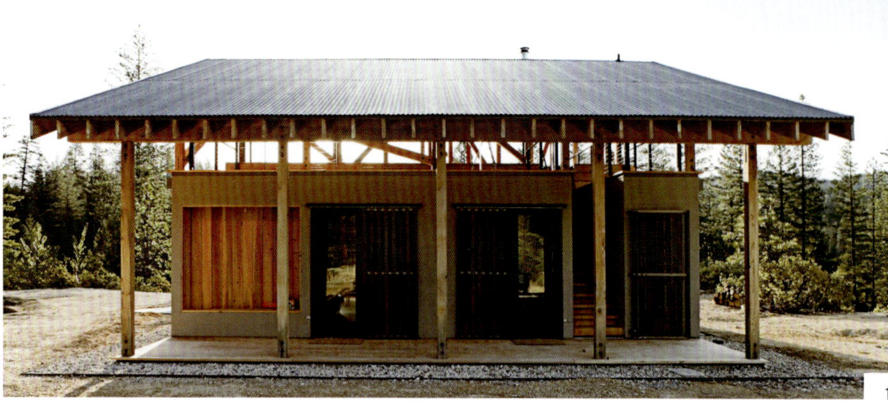

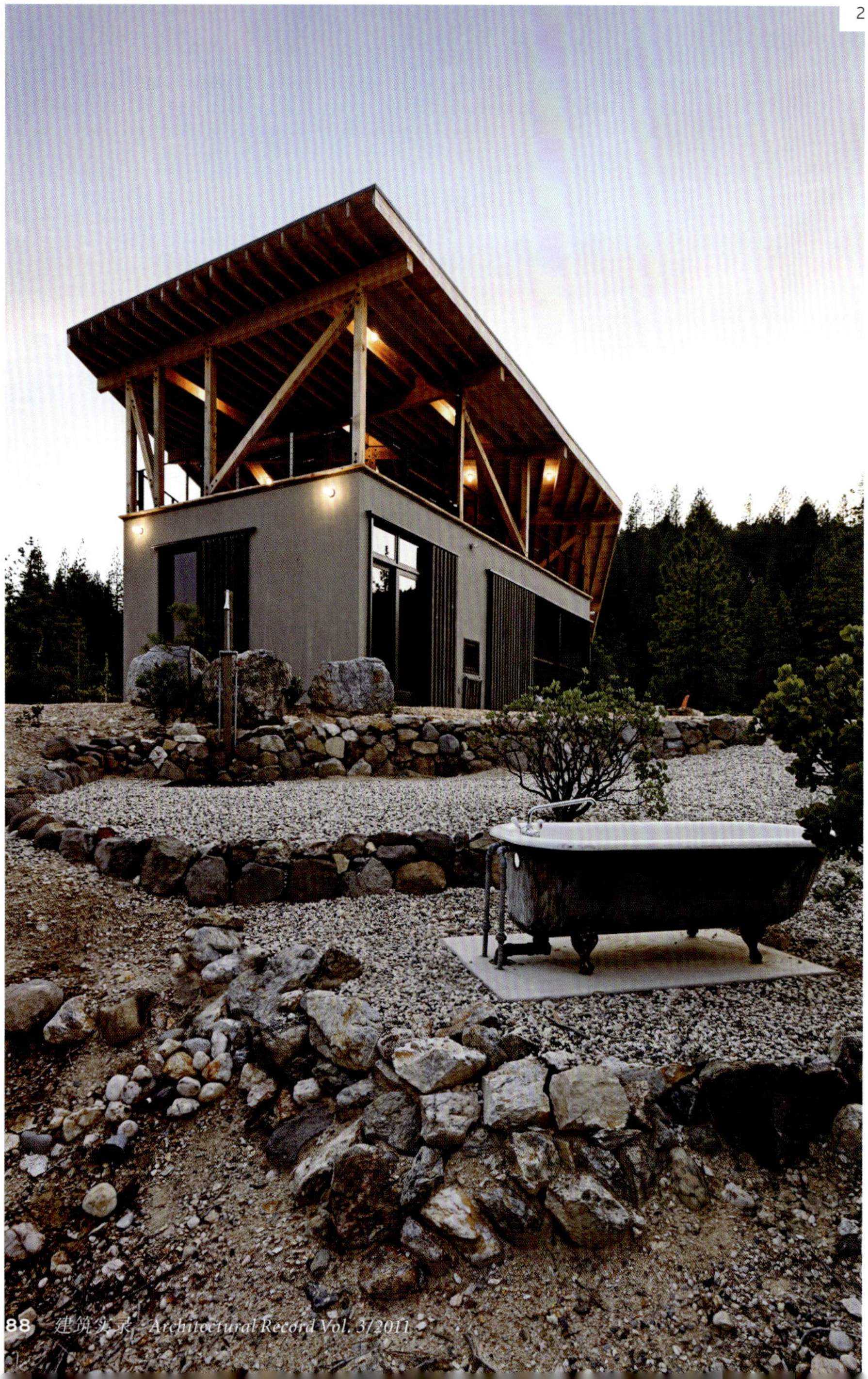

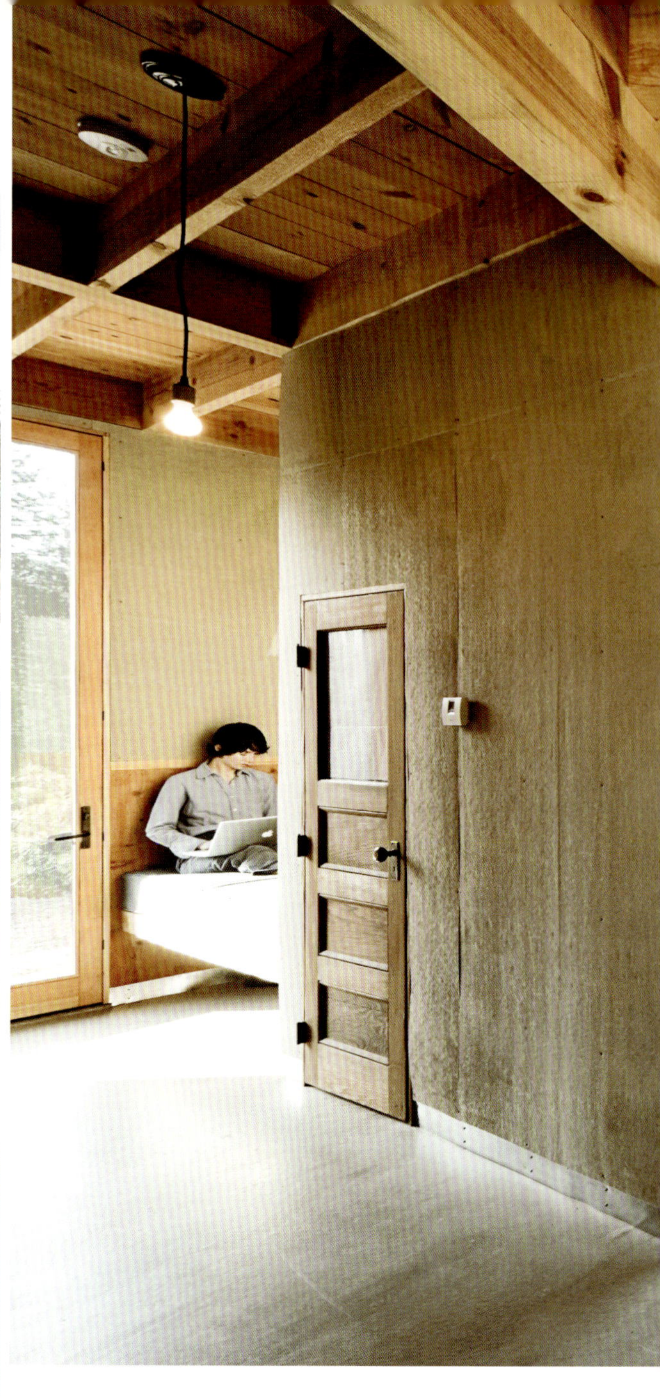

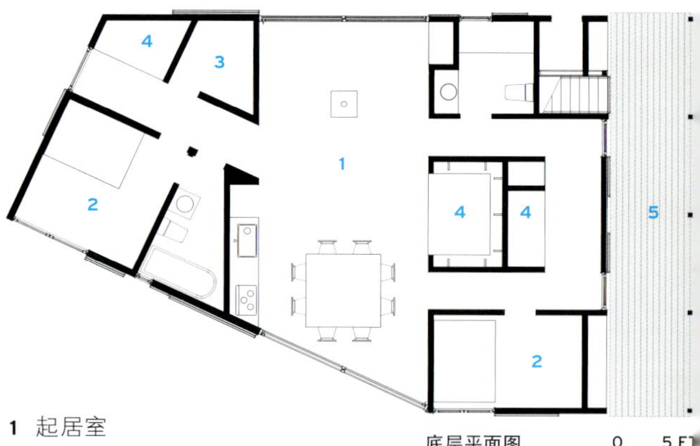

1 起居室
2 睡房
3 洗衣/储藏
4 阅读/睡房
5 露台

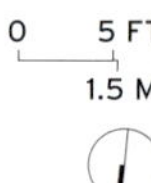

3

1. 建筑从入口看去十分不起眼，其简单的立面包括一个狭长木甲板上的座椅角落和屋檐遮掩下的门窗。正如当地许多建筑一样，屋顶采用了波纹金属；其防腐板面层呈暗灰色光泽。

2. 倾斜的屋面遮盖着露台。当房屋空置时，延绵的雪松可以阻挡动物的入侵。

3. 谷仓轨道使起居空间两面的超大光面移门都可以全部打开。木材给无缝的混凝土地面和再生纸板为主的室内增添色彩。

项目信息

建筑师：Atelier Bow-Wow——Yoshiharu Tsukamoto, Momoyo Kaijima (主持建筑师); Yoichi Tamai, Takahiko Kurabayashi, Yoshiko Iwasaki (项目小组)

顾问：Ken Meffan

材料/设备供应商

金属：Loomis Metals

五金：G-U Hardware

再生材料：Urban Ore

这份态度也激励了建筑师塚本由晴和贝岛桃代（犬吠工作室的夫妻创始人），几次现场考察和制作无数模型推敲设计。建筑师还咨询了当地木匠肯·梅樊（Ken Meffan），肯本人位于附近、有着同样粗糙无饰边木材和定制家具的房子，启发了这座住宅的许多细节设计。“这座房子的建造方式真的会让你信仰过程”，房子主人说道。他承认自己介入了设计的每一个方面，笑言“导演确实是烦人的客户”。一条蜿蜒的、铺有矿石渣的车道将人们引入建筑低矮的柱廊入口，在那里，常见的露台秋千被一个嵌入式的坐椅角落取代。建筑内部，尺度更大的方块则被用于休息、阅读或睡眠。无缝的混凝土地面强化了空间的连续性，同时掩藏着地下液体循环加热系统。

室内与室外同样巧妙地融为一体。受日本住宅内部常见的推拉门启发，长条方形的主起居空间两端安装了定制的超大玻璃门，能完全向室外打开。日本的影响无处不在。建筑师调整了通往主卧的走道角度，使起居室正好能够看到原址上的一大块花岗岩——建筑师和主人亲切地称之为“禅石”。

尽管设计师最初想过用稻草砌块搭建一座住宅，他们最终选择了结构保温板(SIPS)和当地木材相结合的构造。暴露在外的再生纸板构成了所有的室内墙，梅樊认为这给空间带来了一种“有机的，而不是消毒过的感觉”。这些墙体同时也成为了订挂绘图纸和照片的告示板。

大多数家具都是二手的，只有睡房的床是以不锈钢水管和夹子组装而来。房间照明由悬挂下来的灯泡提供。除此之外的装修工作则无法轻松：水槽和浴缸（包括室外的）都是从加州伯克利市的一个废弃的院子里找到的，历经长时间清洗才得以安装。建筑的房门同样来自那个院子。“我们得洗去一百年的印迹”，梅樊回忆道。

虽然古老房门低矮的门框在10英尺高的室内看起来有点古怪，它们却与整座建筑低调而戏谑的气质相吻合——这同

上图：不同方向的椽木和纵横交错的支撑给露台上的三角形屋顶增添了活力，也分割了露台上的风景。

左图：起居空间旁边的睡房被书架围绕着。雪松木板遮盖了床下的贮藏空间。

样也体现在它上方那看起来屋顶有些失衡的阳台上。不同方向的椽木和纵横交错的支撑创造了一处动静皆宜的室外空间。屋顶的形态同时也是对太阳和风向的回应。在干燥而炎热的夏季，它可以让居者静思其间，或是让来访者在其内置的餐区聚餐。

这座建筑谦逊的结构使人忆起附近老矿镇里的乡土建筑，而它对当地和天然材料的运用也向这一地区和这片伤痕累累的土地致以了敬意。犬吠工作室对空间和不规则体量的灵活控制，使这艘拖船有力地"拖动"了建筑实验。*Josephine Minutillo*/文　何柳/译　戴春/校

辽宁科学技术出版社

LIAONING SCIENCE AND TECHNOLOGY PUBLISHING HOUSE

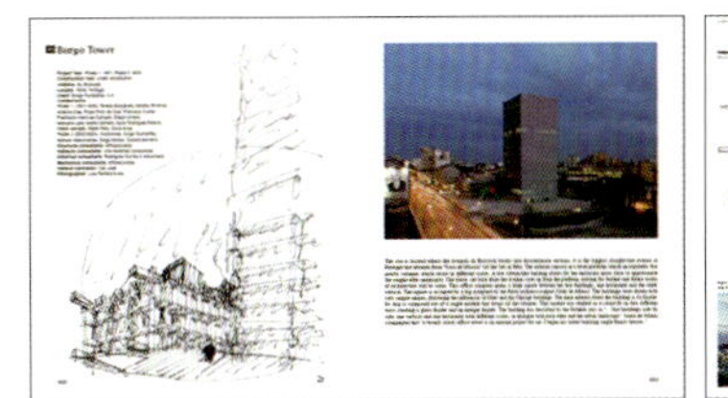

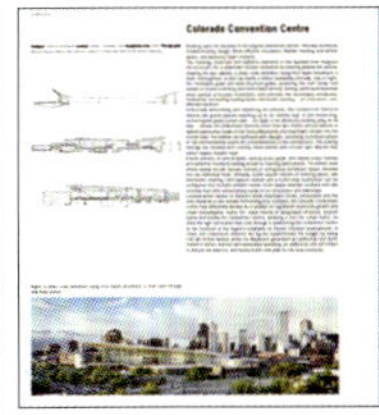

最新建筑类图书

New Architectural Books

辽宁科学技术出版社国际出版中心成立数年来，在建筑、室内设计、平面设计及景观设计的图书制作出版领域中处于领军位置。我社图书着眼于国际，挖掘全球设计及图书市场，为国内外设计类从业人员及爱好者提供了绝佳的图书资料。

International Book Publishing Centre (IBPC) is a department of Liaoning Science and Technology Publishing House (LST). IBPC has been playing a leading role in publication fields of architecture, interior design, graphic design and landscape design. With a global distribution network, we aim at providing professional documents and up-to-date information for designers as well as common readers world wide.

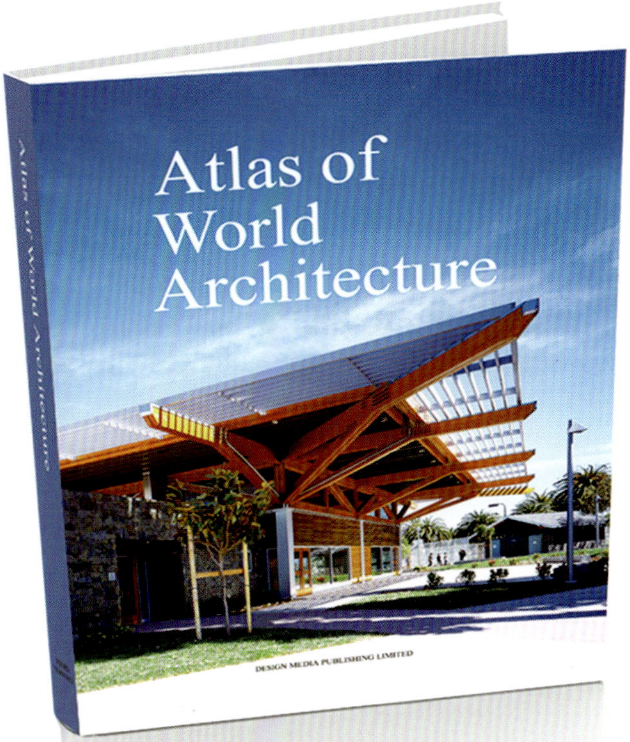

Atlas of World Architecture

DESIGN MEDIA PUBLISHING LIMITED

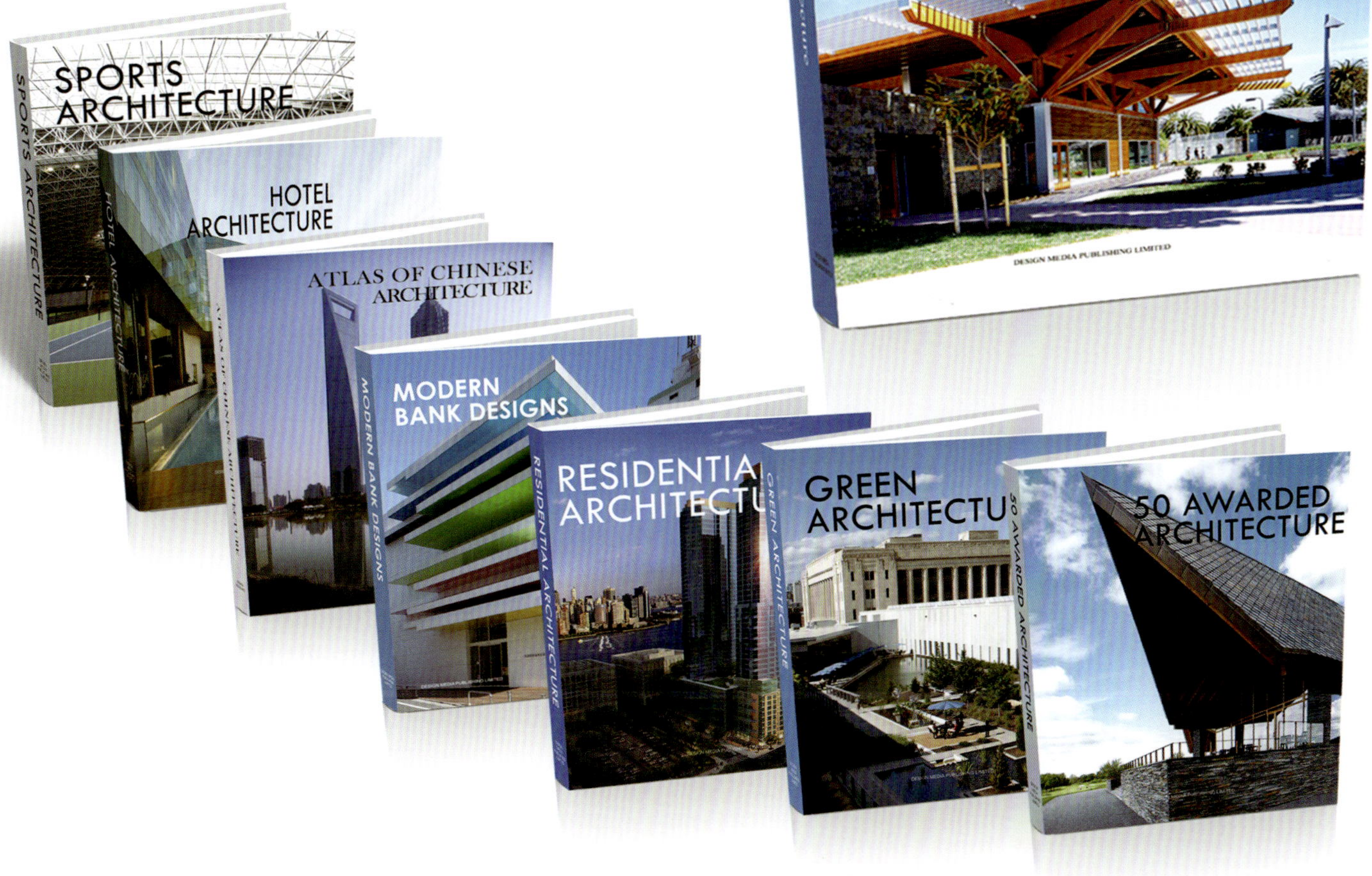

SPORTS ARCHITECTURE

HOTEL ARCHITECTURE

ATLAS OF CHINESE ARCHITECTURE

MODERN BANK DESIGNS

RESIDENTIAL ARCHITECTURE

GREEN ARCHITECTURE

50 AWARDED ARCHITECTURE

社址：辽宁省沈阳市和平区十一纬路29号
邮编：110003
传真：024-23280367 邮购电话：024-23284506
发行电话：024-23284502, 024-23280366
网址：www.lnpress.com

Add: 29 # Shiyiwei Road, Heping District,
Shenyang City, Liaoning Province
110003
China

Tel: 86-24-23284506 (Mail order)
86-24-23284502 (Distribution Department)
86-24-23280366 (Distribution Department)
Fax: 86-24-23280367
web: www.lnpress.com

低能耗，高影响
Low Energy, but High Impact

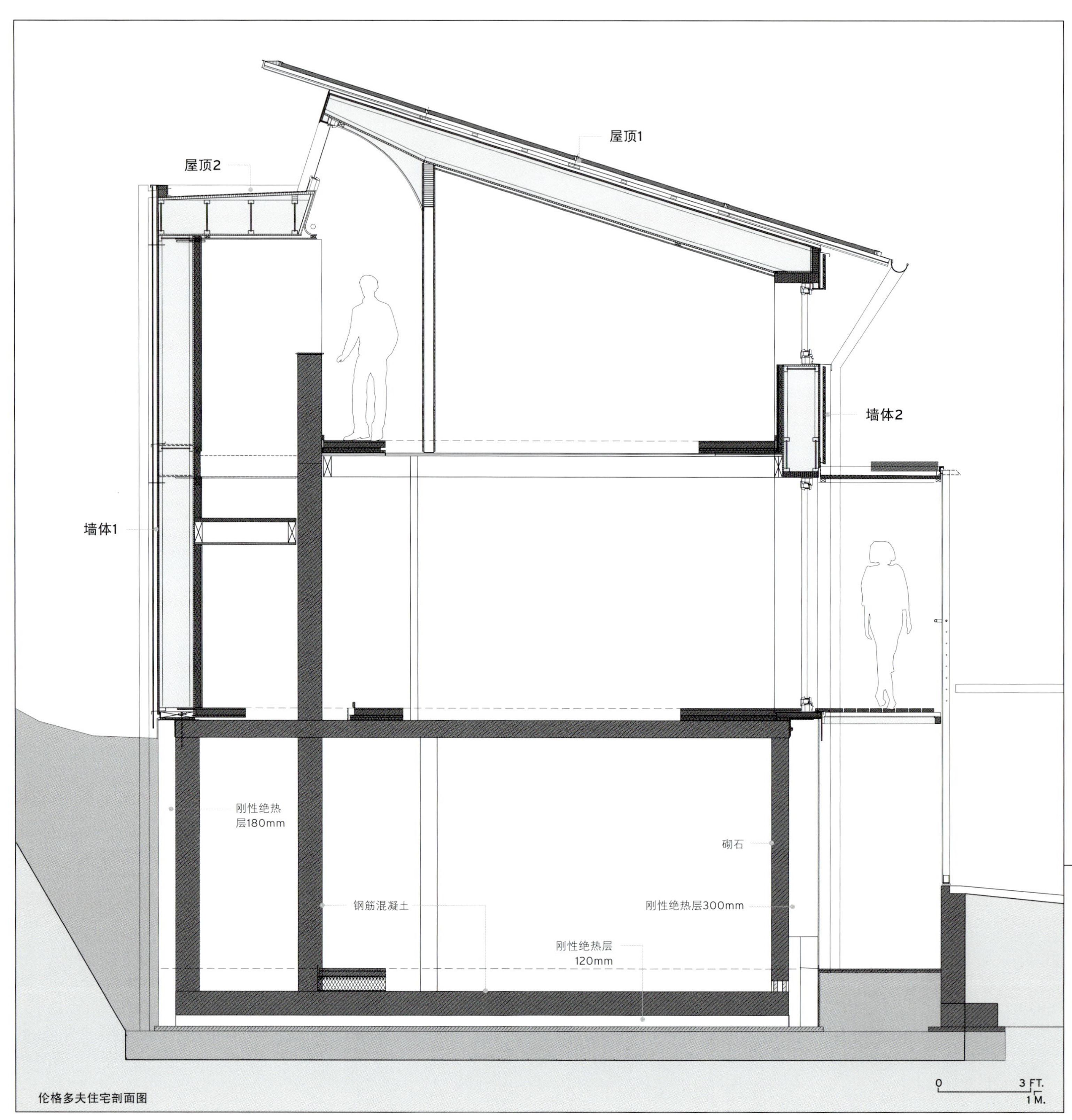

伦格多夫住宅剖面图

在欧洲影响深远的被动式房屋体系设计和建造理念开始在美国扎根。

The Passive House system, a design and construction concept with considerable traction in Europe, begins to take hold in the United States.

MICHAEL COCKRAM/文 姚彦彬/译
戴春/校

有时候一个观念的建立需要经历先出口，再转化，最后重新进口的过程。超级绝热住宅（superinsulated house）即是一例，它从德国带着被称为“被动式房屋”（Passive House）的严格建筑认证荣归美国。其严厉的能源要求填补了住宅实际性能绩效基准的空白，这也是建筑师和客户一直所需要的。

从1970年代的能源危机开始，美国绿色建筑运动的发展一直交织着两个方向。一个是学院派所拥护的被动式太阳能设计，旨在把南向开窗和热能储存模块集成在一起。另一个方向则是主推轻型、密封、超级隔热的结构体。但随着美国20世纪80年代政策和研究重心转移，绿色设计反而在欧洲得到了进一步发展。在很多方面，被动式房屋其实是模块加玻璃的被动式太阳能设计和轻型密封超级隔热结构的结合体。被动式房屋概念由德国的沃尔夫冈·费斯特教授（Wolfgang Feist）和瑞士的博·阿达姆松教授（Bo Adamson）两位共同研究提出，其首批项目建成于1990年代早期。1996年，费斯特教授在德国达姆施塔特（Darmstadt, Germany）创建了被动式房屋研究所（Passivhaus Institute），其职能是监管认证过程和指导被动式房屋的发展。

上图和对页图：一些欧洲被动式房屋支持者采用典型的美国建造技术。德国多尔芬（Dorfen, Germany）的Vallentin建筑事务所即是一例，他们使用工程木桁架来建造大进深的空间。

墙体1

立面板8mm
板层空气夹层40mm
防渗透层16mm
保温纤维素工程木桁356mm
定向结构板15mm
空气层60mm
纸面石膏板15mm

墙体2

落叶松木护墙板24mm
板层空气夹层30mm
防渗透层16mm
保温纤维素工程木桁356mm
定向结构板15mm
空气层40mm
纸面石膏板15mm

屋顶1

光电池面板
板层空气夹层30mm
水平板层40mm
防渗透层16mm
保温纤维素工程木桁356mm
定向结构板15mm
空气层24mm
纸面石膏板15mm

屋顶2

屋顶薄膜
定向结构板22mm
保温纤维素工程木桁356mm
定向结构板15mm
空气层24mm
纸面石膏板15mm

外挂阳台和木百叶巧妙组合在一起，形成建筑的遮阳设施，Vallentin将该改进的窗户技术运用在其柏林被动式房屋的南立面上。

按照认证标准建造

任何项目，无论其所在地和天气情况，要达到该认证要求需要满足三个基本标准：用于加热和制冷的年能耗不能超过每平方英尺4755英制热量单位（British thermal unit，BTU）；空气渗透最大为在50帕斯卡压力下0.6数值的每小时换气次数(Air changes per hour，ACH)；年度主要能耗（包括各种设备、照明、其他非直接用于加热和制冷的设备所消耗的能源）不超过11.1千瓦每平方英尺。

其对BTU和空气渗透限制的程度相当于国际居住条例对住宅建造相应规定的10倍，而其主要能耗标准是美国平均居住能耗的三分之一。要达到这些目标通常需要把建筑用厚而超隔热的外层包裹起来，并且充分利用被动式的加热和制冷以及相应的高效设备和装置。

训练有素的被动式房屋顾问尽管并非认证的先决条件，但他们会主导整个认证过程。他（或她）会提供很多建议来使得住宅达到标准，使用被动式房屋规划软件包（Passive House Planning Package，简称PHPP）来进行评估，并为被动式房屋研究所最终的认证准备相应的项目文件。这些被动式房屋顾问需要具备基本的建造科学知识并完成为期9天的密集课程。

2008年，德国建筑师凯特琳·克林根贝格（KatrinKlingenberg）在美国伊利诺伊州厄巴纳（Urbana, Illinois）重新创立了美国被动式房屋研究所（PHIUS）。从此，该概念从绿色建筑的边缘演化为一场运动，并在全国培养出超过200位PHIUS认证的被动式房屋顾问。现在，PHIUS已经认证了13幢住宅，还有至少40幢正在认证过程中。

位于美国缅因弗里曼镇（Freeman Township, Maine）的一个加建是其中等待认证的项目之一，该项目是对一幢具有181年历史农舍的加建，由纽约BriggsKnowles建筑事务所完成。新加建部分在几何形体上做了微妙的变化并在平面上表达出清晰的细节。该事务所合伙人劳拉·布里格斯（Laura Briggs）说："该住宅的形式，以其简单的体量，保持了缅因地区的类型特色。"并进一步解释说，其设计通过外围护/体量的低比率来保证了最小的热损失。

这个地区按照规范建造的典型做法是使用保温系数（thermal resistance，或者说R-value）20的墙体，屋顶保温是用R-38，地下室楼板为R-10。但该项目墙体的保温系数达到了R-49，屋顶达到了R-57，混凝土楼板则为R-74。为了达到这些数值，建筑师使用纤维气冲隔热体填充的工程木桁架来建造墙体以及屋顶。在使用21.5英寸的刚性隔热层来包裹整个建筑后，最小化了易于传热的木构架的热桥。同时，他们还在楼板下面加入了16英寸的刚性隔热层。整个隔热层使得建筑表面温度接近于室内空气温度，即使是对热容量很重要的外露混凝土楼板，在触摸的时候也不会感觉到冷。

对于早期的超隔热住宅来说最大的问题是室内的空气质量。松散的结构利于新鲜空气交换以及驱散来自不同材料或者其他室内来源的气态污染物。但空气渗透是以很高的热量损失为代价的，被动式房屋通过高效的空气对空气热交换系统来对进入的空气进行加热和制冷，从而解决了这个难题。BriggsKnowles事务所的团队采用的是美国制造的能源回收换气扇（Energy Recovery Ventilator，ERV），该设备能够去除进入空气的湿度。而较为简易的热量回收换气扇（Heat Recovery Ventilator HRV）则被用于湿度影响不大的气候地区。根据被动式房屋的导则，ERV和HRV设备都至少具备回收75%热量的效能。

公之于众

直到最近，超级隔热建筑的窗户还经常小而少，因为门窗玻璃是热损失的主要源头。但在改进的窗户技术中，使用的三层玻璃单元已取得极低的U值（U-value是相对于R-value而言的概念，描述建筑材料热量穿过的能力）。欧洲现在三层玻璃单元能使U值降至0.09，而这在几年前是不可想象的。在北美，只有少数的制造商生产的窗户能满足被动式房屋的U值要求——0.14或者更小。

活跃在大西洋两边的瑞士建筑师蒂姆·安（Tim Eian）认为，美国在绿色建筑领域发展的停滞导致被动式房屋技术在欧洲的抬头。如今，相比北美的少量认证项目，欧洲势头强盛，其认证数量已经超过15000幢。

但是欧美之间的关系其实是共生的。为了取得高隔热水准，很多欧洲建筑师转而采用美国木框架结构，使用工程木桁架来建造墙体以创造大进深的空间。德国多尔芬（Dorfen, Germany）的瓦伦丁建筑事务所（ArchitekturwerkstattVallentin）即是一例。其负责人赫尔诺特（Gernot）和丽纳·瓦伦丁（Rena Vallentin）决定把他们的实践集中在被动式房屋设计上。

对被动式房屋标准的普遍批评是会给住宅带来紧凑和盒子化的后果。瓦伦丁夫妇通过对形式、颜色、肌理和材料的微妙变化来抵抗以上的趋势。在其伦格多夫（Lengdorf）的住宅室内，他们充分利用两层高的空间来达到空间扩大的效果，并

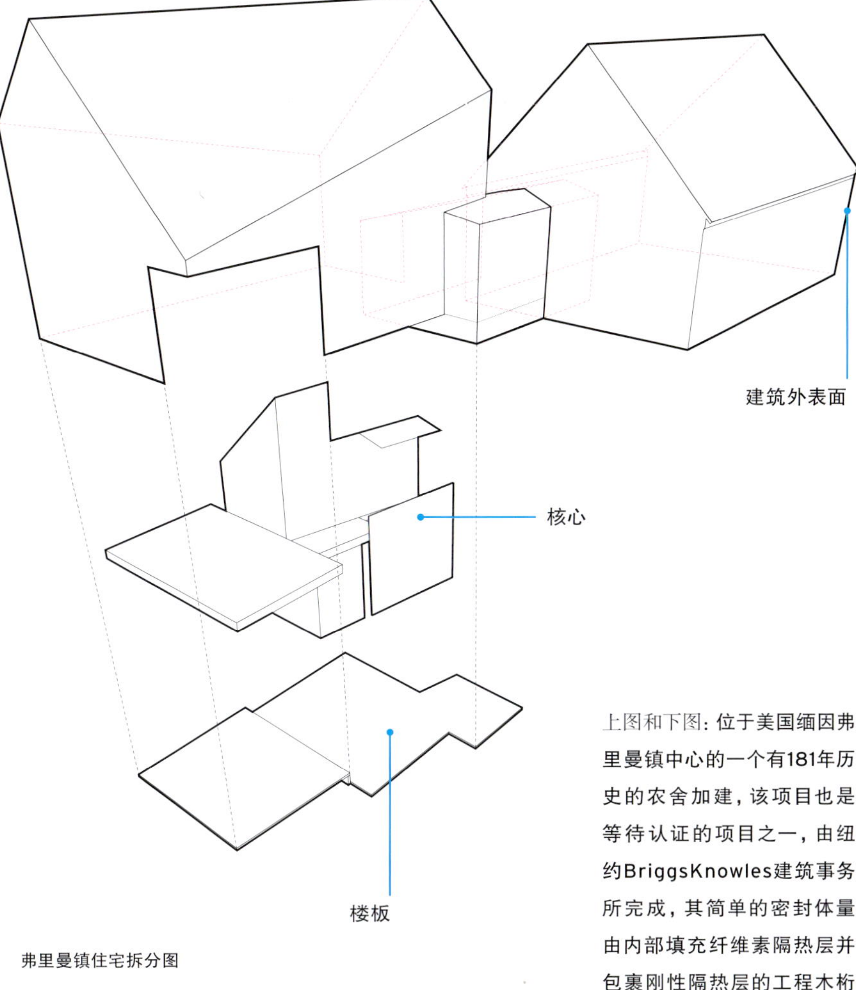

弗里曼镇住宅拆分图

上图和下图：位于美国缅因弗里曼镇中心的一个有181年历史的农舍加建，该项目也是等待认证的项目之一，由纽约BriggsKnowles建筑事务所完成，其简单的密封体量由内部填充纤维素隔热层并包裹刚性隔热层的工程木桁围合。

精心布置窗户以平衡日光的影响。但不是所有的欧洲人都推崇这个认证。德国建筑师兼工程师沃纳·索比（Werner Sobek）认为高能效建筑应该依赖于积极技术，以使得它们更加开放并和环境相协调。同时他进一步批评被动式房屋标准没有考虑到诸如刚性隔热层等具体材料的能源问题。

气候适应

费斯特教授最初的想法是仅依靠室内热量收集和HRV来加热建筑——这在德国相对温和的气候区域是可行的策略。但在美国不同地区间温度和湿度差异极大，特别是潮湿的南方地区碰到的问题最多。缅因BriggsKnowles事务所的项目能够利用ERV来制冷，但在更为湿热气候区的项目只能采取不同的解决方式。在路易斯安那州拉斐特（Lafayette, Louisiana）的被动式房屋项目中，建筑师科里·赛夫特（Corey Saft）同时使用超级隔热层和被动技术来降低热收益。

赛夫特说："在该气候区内，遮阳和通风变得十分关键。"他利用一层的南向玻璃接收主导风。一系列北向窗户设置在两倍层高空间的高处，以充分利用穿堂和对流风。所有窗户都配置外遮阳，并在外部以雨幕覆盖。在这个典型的被动式房屋节点设计中，钉罩面板的木条被加到刚性绝热层上，从而在隔热层和墙板之间形成间隙，该间隙空间使得水分得以排出。但赛夫特也发现在该空间顶部和底部的通风也会带来部分的热量损失。"在南立面上，我测量出从墙内壁到隔热层温度下降了20度"，赛夫特说："雨幕则被作为整个住宅的遮阳设备。"

在该气候区内，玻璃应该具备较低的太阳集热系数(low Solar Heat Gain Coefficient，SHGC)，也就是说，通过对玻璃的处理使其减少太阳热能向建筑室内传递的

量。SHGC数值越低（位于0和1之间），热量交换越少。在赛夫特的住宅中，所有窗户的 SHGC 都在0.29左右。但在为新英格兰设计被动式房屋时，因为该地区房屋需要收集更多热量，所以使用0.64左右的SHGC即可。有些建筑为了在冬天最大化太阳热能而在夏天控制热增量，有时候会在南立面使用高SHGC的窗户（在夏天的时候这些窗户能方便能进行遮阳），同时在阳光控制不那么有效的北立面使用低SHGC的窗户。

稻草（和泡沫）住宅

科罗拉多州巨石镇的建筑师布赖恩·富恩特斯（Brian Fuentes）正在进行6幢被动式房屋设计，包括其在城郊用一幢毁坏的1880年矿工住宅的余料为自己设计的自宅。该住宅采用了不同寻常的模块系统，用内置稻草包的木框架制作成墙体单元，并在运达基地前就预制完成。屋顶用结构隔热板(SIPs)，并以胶合板梁来支撑。这种SIPs由固体泡沫板和外层包裹的复板组成，是减少热桥的绝佳材料。同时也因为SIPs会在边缘互相咬合，使得建筑被密封起来。

不同于美国建筑环保认证（LEED），被动式房屋仅旨在减少能源的消耗，并没有对诸如水资源保护或基地可持续发展等方面有特殊要求。富恩特斯更中意被动式房屋体系，他说："在绿色建筑理念方面LEED表现出色，但针对能源性能方面被动式房屋则更佳。"

不同于LEED的节点矩阵，被动式房屋认证依赖于在三个检测领域的PHIUS认证。建筑气密性测试用于检测空气渗透标准的符合程度，PHIUS研究所的PHPP会有相应的软件来分析Btu和电能消耗水平。除了一些诸如ERVs和窗户的组件将由机构进行预测试并认证，其他组件会在PHPP中进行分析。例如，BriggsKnowles事务所将为缅因住宅专门设计的天窗信息输入PHPP软件后，证明了其符合建筑整体性能量限制的范围。

PHPP软件假设热桥效应在住宅节点设计中能够被消除。而当构造节点不同于PHPP的预设条件时，顾问们通常会采用劳伦斯-伯克利国家实验室（Lawrence BerkeleyNational Laboratory）发明的名为THERM的补充性软件。该软件能够测量特殊组件在热传递时的性能表现，同时其对于研究如窗户节点和基础设计等外部元素的热转移时同样有效。

年能源使用分析

在佛蒙特州的住宅项目中，Albert，Righter & Tittmann事务所通过被动式房屋策略的部署图表来分析其累计节能成果。

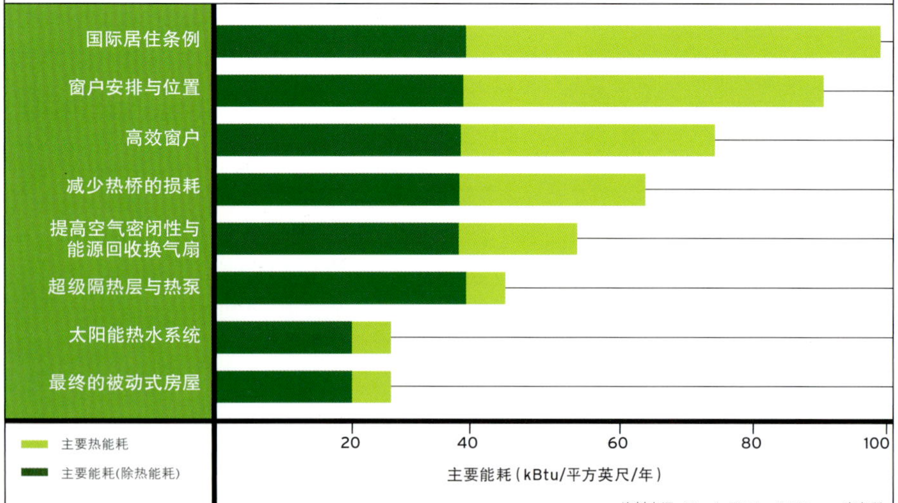

国际居住条例
窗户安排与位置
高效窗户
减少热桥的损耗
提高空气密闭性与能源回收换气扇
超级隔热层与热泵
太阳能热水系统
最终的被动式房屋

主要热能耗
主要能耗(除热能耗)

20 40 60 80 100

主要能耗（kBtu/平方英尺/年）

资料来源：Albert，Righter & Tittmann事务所

成本和收益

尽管很多建筑师和客户对被动式房屋体系所带来的附加材料和设备的费用表示关注，但相关支持者称大多数因超级隔热带来的额外花费将被随之减少的机械系统费用所抵消。根据PHIUS研究所克林根贝格的说法，在欧洲符合被动式房屋标准的新型住宅小区的建设费用比正常水平高将近5个百分点。建筑师兼顾问蒂姆·安评估美国的相应建设费用将比其平均水平高10%~20%。但即使如此，对高性能组件和隔离层的投资回收期也会相当的短。BriggsKnowles事务所在缅因的项目为5年的回报期。

非盈利组织人类家园国际组织(Habitat for Humanity)也已经建立数个被动式房屋的事实，进一步佐证了该标准的长期支付能力。波士顿Albert, Righter &Tittmann建筑事务所为其子公司在佛蒙特州夏洛特（Charlotte, Vermont）设计了第一个模块化被动式房屋。该住宅的能耗仅相当于按照建筑规范建成住宅平均能耗的20%~30%。为了保持最低的能耗预算，该公司还具体规定了高效能的装置和设备。客户将为这些设备多支付一小部分费用，比如冷凝干燥机，它能够帮助节省能源并把管道排风（热损失的重要源头）的热损失降到最低。

被动式房屋的支持者除了新的建造外还致力于更新历史建筑使其达到标准。对这些建筑的翻新需要找到合适的方法来降低空气渗透以及增加隔热层，同时也要符合美学要求。布鲁克林Prospect建筑事务所正在努力让一幢属于纽约城区地标建筑群的19世纪赤褐色砂石建筑符合被动式房屋标准。

尽管被动式房屋首先是住宅项目，但在美国它正在向其他类型的建筑扩展。最近东海岸新建成的两所学校以及俄勒冈州波特兰（Portland, Oregon）由Green Hammer事务所设计的农场工人联合会办公室都在此列。在欧洲，被动式房屋的种类已经无所不包，包括教育建筑、多家庭住宅和工厂等。

一份由欧盟议会通过的决议大力支持了该体系的成长，该决议要求所有成员国家在2012年所有的新建筑满足被动式房屋的规范。尽管该体系在美国仍处于初始阶段，但最近这股被动式房屋项目之风足以证明，在合理的成本基础上大幅度降低能源消耗以及绿色建筑的气排放并非不可能。■

本文作者Michael Cockram是一位关注环境的建筑师、教育家和作家。